现代环境科学理论与实践研究

张 武 鞠 鑫◎著

吉林出版集团股份有限公司

图书在版编目（CIP）数据

现代环境科学理论与实践研究 / 张武，鞠鑫著. 一
长春：吉林出版集团股份有限公司，2023.5
ISBN 978-7-5731-3186-7

Ⅰ．①现… Ⅱ．①张… ②鞠… Ⅲ．①环境科学－理
论研究 Ⅳ．①X-0

中国国家版本馆CIP数据核字（2023）第072643号

现代环境科学理论与实践研究

XIANDAI HUANJING KEXUE LILUN YU SHIJIAN YANJIU

著　者	张　武　鞠　鑫	
责任编辑	曲珊珊	
封面设计	林　吉	
开　本	787mm×1092mm　　1/16	
字　数	294千	
印　张	12	
版　次	2023年5月第1版	
印　次	2023年5月第1次印刷	
出版发行	吉林出版集团股份有限公司	
电　话	总编办：010-63109269	
	发行部：010-63109269	
印　刷	廊坊市广阳区九洲印刷厂	

ISBN 978-7-5731-3186-7　　　　　　　　　定价：78.00元

前　言

当前，社会发展的突出特点是在社会经济、政治、科学技术和文化生活中发生的各种过程规模宏大，而且越来越国际化。科学技术日新月异，已经把人类带到了一个极其复杂而关键的分界线上。知识的积累，科学技术的巨大进步，使得人对自然过程自觉地施加影响的机会空前增多，其结果一方面创造了不计其数的物质财富；另一方面使人类赖以生存的自然环境遭受了严重的污染和破坏，阻碍着经济发展和人民生活质量的提高，对人类的生存和发展构成了现实威胁。在这种严峻形势下，人类认识到保护环境迫在眉睫！保护生态环境，实现可持续发展的任务，已十分迫切地摆在了人类的面前。

我国是一个发展中国家，当前正处在经济快速增长的发展过程中，面临着提高社会生产力、增强综合国力和提高人民生活水平的历史任务。同时，又面临着相当严峻的问题和困难，如庞大的人口基数、人均拥有资源不足、环境污染和破坏严重等，对今后的经济和社会发展将带来巨大的压力。如何摆脱这种困境呢？摆在我们面前的正确选择是转变发展战略，走可持续发展的道路，正确处理发展与环境的关系，促使经济、社会、环境协调发展，创建一个适宜人类生存和发展的环境。显然，掌握环境科学知识，认清环境的严峻形势，增强环境意识，自觉地投入保护环境和维护生态平衡的行动，保证我国的可持续发展，是广大干部和群众应该承担的责任。

本书主要分为三个部分，首先对环境问题与生态学的基本问题进行了论述；其次，对现代全球环境问题进行了介绍，对现代环境保护的迫切性进行了分析与研究，并进一步对当前可持续发展的基本理论进行了详细的分析与介绍，可持续发展是环境科学理论中极为重要的一部分；最后，通过对我国主要的环境污染问题的分析研究，来对自然资源的生态保护进行了探讨。

由于笔者水平有限，本书难免存在一些不妥甚至是谬误之处，敬请广大学界同人和读者批评指正。

目 录

第一章　绪论 ……………………………………………………………… 1

　　第一节　环境概述 …………………………………………………… 1

　　第二节　环境问题 …………………………………………………… 7

　　第三节　环境污染与人体健康 …………………………………… 20

第二章　生态学基本原理 ………………………………………………… 26

　　第一节　生态学概述 ……………………………………………… 26

　　第二节　生态系统 ………………………………………………… 28

　　第三节　生态平衡 ………………………………………………… 39

　　第四节　生态学在环境保护中的应用 …………………………… 43

第三章　现代全球性环境问题 …………………………………………… 50

　　第一节　人口与环境 ……………………………………………… 50

　　第二节　能源与环境 ……………………………………………… 56

　　第三节　资源与环境 ……………………………………………… 61

　　第四节　全球环境变化 …………………………………………… 64

第四章　现代环境保护的迫切性与现实状况 …………………………… 77

　　第一节　现代化环境保护的迫切性 ……………………………… 77

　　第二节　现代国外环境保护的现实状况 ………………………… 79

　　第三节　现代国内环境保护的现实状况 ………………………… 82

第五章　可持续发展的基本理论 ………………………………………… 95

　　第一节　可持续发展理论的产生与发展 ………………………… 95

　　第二节　可持续发展理论的基本内涵与特征 …………………… 98

　　第三节　可持续发展理论的指标体系 …………………………… 102

　　第四节　中国实施可持续发展战略的行动 ……………………… 105

第六章 我国主要的环境污染问题 ································ 115

第一节 大气污染 ·· 115

第二节 水体污染 ·· 125

第三节 海洋污染 ·· 132

第四节 土壤污染 ·· 139

第五节 固废污染 ·· 142

第七章 自然资源的生态保护 ································ 150

第一节 自然资源的概念与分类 ································ 150

第二节 水资源的保护 ·· 153

第三节 森林资源的保护 ·· 157

第四节 矿产资源的保护 ·· 163

第五节 生物资源与生物多样性保护 ···························· 166

第六节 自然保护区的建设与进展 ······························ 172

第七节 土地资源的保护 ·· 177

参考文献 ·· 185

第一章 绪论

第一节 环境概述

一、环境的概念

环境是相对于中心事物而言的，是相对于主体的客体。《中华人民共和国环境保护法》中明确指出，环境是指影响人类生存和发展的各种天然的和经过人工改造的自然因素的总体，包括大气、水、海洋、土地、矿藏、森林、草原、野生生物、自然遗迹、人文遗迹、风景名胜区、自然保护区、城市和乡村等。

在环境科学领域，环境的含义是以人类社会为主体的外部世界的整体。按照这一定义，环境包括了已经为人类所认识的直接或间接影响人类生存和发展的物理世界的所有事物。它既包括未经人类改造过的众多自然要素，如阳光、空气、陆地、天然水体、天然森林和草原、野生生物等；也包括经过人类改造过和创造出的事物，如水库、农田、园林、村落、城市、工厂、港口、公路、铁路等。它既包括这些物理要素，也包括由这些要素构成的系统及其所呈现的状态和相互关系。

环境是人类进行生产和生活的场所，是人类生存和发展的物质基础。人类对环境的改造不像动物那样，只是以自己的存在来影响环境，用自己的身体来适应环境，而是以自己的劳动来改造环境，把自然环境转变为新的生存环境，而新的生存环境再反作用于人类。在这一反复曲折的过程中，人类在改造客观世界的同时也改造着自己，正如恩格斯在《自然辩证法》中写道："人的生存条件，并不是当他刚从狭义的动物中分化出来的时候就现成具有的；这些条件是由以后的历史发展才造成的。"这就是说，人类的生存环境不是从来就有的，它的形成经历了一个漫长的发展过程。我们赖以生存发展的环境，就是这样由简单到复杂，由低级到高级发展而来的。它既不是单纯地由自然因素构成，也不是单纯地由社会因素构成。它凝聚着自然因素和社会因素的交互作用，体现着人类利用和改造自然的性质和水平，影响着人类的生产和生活，关系着人类的生存和健康。

人类对自然的利用和改造的深度，在时间上是随着人类社会的发展而发展的，在空间上是随着人类活动领域的扩张而扩张的。虽然，迄今为止，人类主要还是居住于地球表层，但有人根据月球引力对海水的潮汐有影响的事实，提出月球能否视为人类生存环境的问题。现阶段没有把月球视为人类的生存环境，任何一个国家的环境保护法也没有把月球规定为人类的生存环境，因为它对人类的生存和发展影响很小。但是，随着宇宙航行和空间科学技术的发展，总有一天人类不但要在月球上建立空间实验站，还要开发利用月球上的自然资源，使地球上的人类频繁往来于月球与地球之间。到那时，月球当然就会成为人类生存环境的重要组成部分。所以，人们要用发展的、辩证的观点来看待环境。

二、环境的分类和组成

（一）环境的分类

环境是一个庞大而复杂的体系，人们可以从不同的角度或原则，按照人类环境的组成和结构关系将它进行不同的分类。

按照环境的范围大小，可把环境分为特定的空间环境、车间环境、生活区环境、城市环境、区域环境、全球环境和星际环境等。

按照环境的要素，可把环境分为大气环境、水环境、土壤环境、生物环境和地质环境等。

按照环境的功能，可把环境分为生活环境和生态环境。

按照环境的主体，可以分为两种体系：一种是以生物体（界）作为环境的主体，而把生物以外的物质看成环境要素（在生态学中往往采用这种分类方法）；另一种是以人或人类作为环境主体，其他的生物和非生命物质都被视为环境要素，即环境指人类生存的氛围。在环境科学中采用的就是第二种分类方法，即趋向于按环境要素的属性进行分类，把环境分为自然环境和社会环境两种。自然环境是社会环境的基础，而社会环境又是自然环境的发展。自然环境是指环绕人们周围的各种自然因素的总和，如大气、水、植物、动物、土壤、岩石矿物、太阳辐射等。自然环境是人类赖以生存的物质基础。通常把这些因素划分为大气圈、水圈、生物圈、土壤圈、岩石圈五个自然圈。人类是自然的产物，而人类的活动又影响着自然环境。社会环境是指人类在自然环境的基础上，为不断提高物质和精神文化生活水平，通过长期有计划、有目的的发展，逐步创造和建立起来的高度人工化的生存环境，即由于人类活动而形成的各种事物。

（二）环境的组成

人类的生存环境，可由近及远、由小到大地分为聚落环境、地理环境、地质环境和星际环境，形成一个庞大的多级谱系。

1.聚落环境

聚落是人类聚居的场所、活动的中心。聚落内及其周边生态条件，成为聚落人群生存质量、生活质量和发展条件的重要内容。聚落及其周围的地质、地貌、大气、水体、土壤、植被及其所能提供的生产力潜力，聚落与外界交流的通达条件等，直接影响着区域内居民的健康、生活保障和发展空间。聚落的形成及其在不同地区、不同民族所表现的不同模式，是人、地关系和区域社会经济历史演化的结果。聚落环境也就是人类聚居场所的环境，它是与人类的工作和生活关系最密切、最直接的环境。人们一生大部分时间是在这里度过的，因此历来都引起人们的关注和重视。

聚落环境根据其性质、功能和规模可分为院落环境、村落环境、城市环境等。

（1）院落环境

院落环境是由一些功能不同的建筑物和与其联系在一起的场院组成的基本环境单元，如我国西南地区的竹楼、内蒙古草原的蒙古包、陕北的窑洞、北京的四合院、机关大院以及大专院校等。院落环境的结构、布局、规模和现代化程度是很不相同的，因此，它的功能单元分化的完善程度也是很悬殊的。院落环境是人类在发展过程中适应自己生产和生活的需要，而因地制宜创造出来的。

院落环境在保障人类工作、生活和健康，促进人类发展中起到了积极的作用，但也相应地产生了消极的环境问题，其主要污染源来自生活"三废"。院落环境污染量大，已构成了难以解决的环境问题，如千家万户的油烟排放，每年秋季的秸秆焚烧，导致附近大气污染。所以，在今后聚落环境的规划设计中，要加强环境科学的观念，以便在充分考虑到利用和改造自然的基础上，创造出内部结构合理并与外部环境协调的院落环境。目前，倡导院落环境园林化，在室内、室外、窗前、房后种植瓜果、蔬菜和花草，美化环境、净化环境、调控人类、生物与大气之间的二氧化碳与氧气平衡。这样就把院落环境建造成一个结构合理、功能良好、物尽其用的人工生态系统。

（2）村落环境

村落主要是农业人口聚居的地方。由于自然条件的不同，以及农、林、牧、副、渔等农业活动的种类、规模和现代化程度的不同，所以无论是从结构、形态、规模上，还是从功能上来看，村落的类型都是多种多样的，如有平原上的农村、海滨湖畔的渔村、深山老林的山村等，因而，它所遇到的环境问题也是各不相同的。

村落环境的污染主要来源于农业污染及生活污染源。特别是农药、化肥的使用和污染有日益增加和严重的趋势，影响农副产品的质量，威胁人们的健康，甚至有急性中毒而致死的。因此，必须加强农药、化肥的管理，严格控制施用剂量、时机和方法，并尽量利用综合性生物防治来代替农药防治，用速效、易降解农药代替难降解的农药，尽量多施用有机肥，少用化肥，提高施肥技术和效果。总之，要开展综合利用，使农业和生活废弃物变废为宝，化害为利，发挥其积极作用。除此之外，生产方式的变迁（潜在因素）也是导致村落环境污染的原因之一。城市化的浪潮席卷农村之后，为村民提供了更广阔的就业空间和多样的谋生手段，大部分年轻的村民都去城区打工，村中只剩下留守儿童和老人。有的田地开始荒芜，且相当一部分村民在原来的田地上建造了房屋，水土得不到很好的保持。自来水的推广和普及，使得河水以饮用为主的功能被替代，水体"饮用"功能不断退化。村民维护水和土地的意识不断消减，面对经济效益的诱惑，个别村民以破坏环境来维持生计。农村对污染企业具有诸多"诱惑"：一是农村资源丰富，一些企业可以就地取材，成本低廉；二是使用农村劳动力成本很低，像"小钢铁""小造纸"这样的一些污染企业，落户农村后，一般都以附近村民为主要用工对象；三是农村地广人稀，排污隐蔽。因此，近年来大部分污染企业开始进驻农村，村落环境成了污染企业的转移地。

（3）城市环境

城市环境是人类利用和改造环境而创造出来的高度人工化的生存环境。城市是随着私有制及国家的出现而出现的非农业人口聚居的场所。随着资本主义社会的发展，城市更加迅速地发展起来，特别是第二次世界大战以后的 30 多年，世界性城市化日益加速进行。所谓城市化就是农村人口向城市转移，城市人口占总人口的比率变化的趋势增大。

城市是人类在漫长的实践过程中，通过对自然环境的适应、加工、改造、重新建造的人工生态系统。如今，世界上有约 80% 的人口居住在城市。城市有现代化的工业、建筑、交通、运输、通讯联系、文化娱乐设施及其他服务行业，为居民的物质和文化生活创造了优越条件，但也因人口密集、工厂林立、交通频繁等，而使环境遭受严重的污染和破坏，威胁人们生命安全、宁静而健康的工作和生活。城市化对环境的影响有以下几个方面。

1）城市化对水环境的影响

①对水质的影响。主要指生活、工业、交通、运输以及其他服务行业对水环境的污染。在 18 世纪以前，以人畜生活排泄物和相伴随的细菌、病毒等的污染为主，常常导致水质恶化、瘟疫流行。18 世纪以后，随着近代大工业的发展，工业"三废"日益成为城市环境的主要污染源。

②对水量的影响。城市化增加了房屋和道路等不透水面积和排水工程，特别是暴雨排水工程，进而减少渗透，增加流速，地下水得不到地表水足够的补给，破坏了自然界的水分循环，致使地表总径流量和峰值流量增加，滞后时间（径流量落后于降雨量的时间）缩短。城市化不仅影响到洪峰流量增加，而且也导致频率增加。城市化将增加耗水量，往往导致水源枯竭、供水紧张。地下水过度开采，常造成地下水面下降和地面下沉。

2）城市化对大气环境的影响

①城市化使城市下垫面的组成和性质发生了根本性变化。城市的水泥、沥青路面、砖瓦建筑物以及玻璃和金属等人工表面代替了土壤、草地、森林等自然地面，改变了反射和辐射面的性质及近地面层的热交换和地面的粗糙度，从而影响了大气的物理状况，如气温、云量、雾量等。

②城市化改变了大气的热量状况。城市消耗大量能源，释放出大量热能集中于局部范围内，大气环境接受的这些人工热能，接近甚至超过它从太阳和天空辐射所接受的能量，从而对大气造成了热污染。城市的市区比郊区及农村消耗较多的能源，且自然表面少，植被少，从而吸热多而散热少。另外，空气中经常存在大量的污染物，它们对地面长波辐射吸收和反射能力强，造成城市"热岛效应"。"热岛效应"的产生使城市中心成为污染最严重的地方。随着人们生产、生活空间向地下延伸，热污染也随之进入地下，使地下也形成一个"热岛"。

③城市化大量排放各种气体和颗粒污染物。这些污染物会改变城市大气环境的组成。一般说来，在工业时代以前，城市燃料结构以木柴为主，大气主要受烟尘污染；18 世纪进入工业时代以来，城市燃料结构逐渐以煤为主，大气受烟尘、二氧化硫及工业排放的多种气体污染较重；进入 20 世纪后半叶以来，城市中工业及交通运输以矿物油作为主要能源，大气受 CO、NO、CH、光化学烟雾和 SO_2 污染日益严重。由于城市气温高于四周，往往形成城市"热岛"。城市市区被污染的暖气流上升，并从高层向四周扩散；郊区较新鲜的冷空气则从底层吹向市区，构成局部环流。这样加强了城区与郊区的气体交换，但也一定程度上使污染物圈于此局部环流之中，而不易向更大范围进行扩散，常常在城市上空形成一个污染物幕罩。

3）城市化对生物环境的影响。城市化严重地破坏了生物环境，改变了生物环境的组成和结构，使生产者有机体与消费者有机体的比例不协调。特别是近代工商业大城市的发展，往往不是受计划的调节，而是受经济规律的控制，许多城市房屋密集、街道交错，到处是水泥建筑和柏油路面，几乎完全消除了森林和草地，除了熙熙攘攘的人群，几乎看不到其他的生命，被称为"城市荒漠"。尤其在闹市区，高楼夹崎，街道深陷，形如峡谷，更给人以压抑之感，美国纽约的曼哈顿（Manhattan）峡谷式街道就是典型的例子，日本东京在发展中绿地也大量减少。森林和草地消失，公用绿地面积减少，野生动物群在城市中消失，鸟儿也很少见，这些变化使生态系统遭到破坏，影响了碳、氧等物质循环。城市不透水面积的增加，破坏了土壤微生物的生态平衡。

4）城市化噪声污染。盲目的城市化过程还造成振动、噪声、微波污染、交通紊乱、住房拥挤、供应紧张等一系列威胁人们健康和生命安全的环境问题。噪声污染是我国的四大公害之一。尤其是近些年随着城市规模的发展，交通运输、汽车制造业迅速发展，城市噪声污染程度迅速上升，已成为我国环境污染的重要组成部分。据不完全统计，我国城市交通噪声的等效声级超过70dB（A）的路段高达70%，有60%的城市面积噪声超过55dB（A）。

我国本着"工农结合，城乡结合，有利生产，方便生活"的原则，努力控制大城市，积极发展中、小城市。在城市建设中，首先是确定其功能，指明其发展方向；其次是确定其规模，以控制其人口和用地面积，然后确定环境质量目标，制定城市环境规划，根据地区自然和社会条件合理布置居住、工业、交通、运输、公园、绿地、文化娱乐、商业、公共福利和服务等项事业，力争形成与其功能相适应的最佳结构，以保持整洁、优美、宁静、方便的城市生活和工作环境。

2. 地理环境

地理环境是能量的交错带，位于地球表层，即岩石圈、水圈、土壤圈、大气圈和生物圈相互作用的交错带上，其厚度约10～30km，包括了全部的土壤圈。

地理环境具有三个特点：①具有来自地球内部的内能和主要来自太阳的外部能量，并彼此相互作用；②它具有构成人类活动舞台和基地的三大条件，即常温常压的物理条件、适当的化学条件和繁茂的生物条件；③这一环境与人类的生产和生活密切相关，直接影响着人类的饮食、呼吸、衣着和住行。由于地理位置不同，地表的组成物质和形态不同，水、热条件不同，地理环境的结构具有明显的地带性特征。因此，保护好地理环境，就要因地制宜地进行国土规划、区域资源合理配置、结构与功能优化等。

3. 地质环境

地质环境主要是指地表以下的坚硬壳层，即岩石圈。地质环境是地球演化的产物。岩石在太阳能作用下的风化过程，使固结的物质解放出来，参加到地理环境中去，参加到地质循环以至星际物质大循环中去。如果说地球环境为人类提供了大量的生活资料、可再生的资源，那么，地质环境则为人类提供了大量的生产资料、丰富的矿产资源。目前，人类每年从地壳中开采的矿石达 4 亿立方千米，从中提取大量的金属和非金属原料，还从煤、石油、天然气、地下水、地热和放射性等物质中获取大量能源。随着科学技术水平的不断提高，人类对地质环境的影响也更大了，一些大型工程直接改变了地质环境的面貌，同时也是一些自然灾害（如山体滑坡、山崩、泥石流、地震、洪涝灾害）的重要诱发因素，这是值得引起高度重视的。

4. 星际环境

星际环境是指地球大气圈以外的宇宙空间环境，由广漠的空间、各种天体、弥漫物质以及各类飞行器组成。星际环境好像距我们很遥远，但是它的重要性却是不容忽视的。地球属于太阳系的一个成员，我们生存环境中的能量主要来自太阳辐射。我们居住的地球距太阳不近也不远，正处于"可居住区"之内，转动得不快也不慢，轨道离心率不大，致使地理环境中的一切变化既有规律又不过度剧烈运动，这些都为生物的繁茂昌盛创造了必要的条件。迄今为止，地球是我们所知道的唯一有人类居住的星球。我们如何充分有效地利用这种优越条件，特别是如何充分有效地利用太阳辐射这个既丰富又洁净的能源，在环境保护中是十分重要的。

第二节　环境问题

一、环境问题及其分类

（一）环境问题的概念

所谓环境问题，是指由于人类活动作用于周围环境，引起环境质量变化，这种变化反过来对人类的生产、生活和健康产生影响的问题。

（二）环境问题的分类

按照环境问题的影响和作用来划分，有全球性的、区域性的和局部性的不同等级。

其中全球性的环境问题具有综合性、广泛性、复杂性和跨国界的特点。

按照引起环境问题的根源划分，可以将环境问题分为两大类：一类是自然原因导致的，称为原生环境问题，又称第一环境问题，它主要是指地震、海啸、洪涝、干旱、风暴、崩塌、滑坡、泥石流、台风、地方病等自然灾害；另一类由人类活动引起的环境问题，称为次生环境问题，也称第二环境问题。第二环境问题又可分为以下两类：

第一类是由于人类不合理开发利用自然资源，超出环境承载力，使生态环境质量恶化或自然资源枯竭的现象。也就是说，人类活动引起的自然条件变化，可影响人类生产活动，如森林破坏、草原退化、沙漠化、盐渍化、水土流失、水热平衡失调、物种灭绝、自然景观破坏等。其后果往往需要很长时间才能恢复，有的甚至不可逆转。

第二类是由于人口激增、城市化和工农业高速发展引起的环境污染和破坏，具体是指有害的物质，以工业"三废"（废气、废水、废渣）为主对大气、水体、土壤和生物造成的污染。环境污染包括大气污染、水体污染、土壤污染、生物污染等由物质引起的污染和噪声污染、热污染、放射性污染或电磁辐射污染等物理性因素引起的污染。这类污染物可毒化环境，危害人类健康。

二、环境问题的产生及根源

（一）环境问题产生的原因

环境问题产生的原因主要有三个方面：

1. 由于庞大的人口压力

庞大的人口基数和较高的人口增长率，对全球特别是一些发展中国家，形成巨大的人口压力。人口持续增长，对物质资料的需求和消耗随之增多，最终会超出环境供给资源和消化废物的能力进而出现种种资源和环境问题。

2. 由于资源的不合理利用

随着世界人口持续增长和经济迅速发展，人类对自然资源的需求量越来越大，而自然资源的补给、再生和增殖是需要时间的，一旦利用超过了极限，要想恢复是困难的。特别是非可再生资源，其蕴藏量在一定时期内不再增加，对其开采过程实际上就是资源的耗竭过程。当代社会对非可再生资源的巨大需求，更加剧了这些资源的耗竭速度。在广大的贫困落后地区，由于人口文化素质较低，生态意识淡薄，人们长期采用有害于环境的生产方法，而把无污染技术和环境资源的管理置之度外，如不顾环境的影响，盲目扩大耕地面积。

3. 片面追求经济的增长

传统的发展模式关注的只是经济领域活动，其目的是产值和利润。在这种发展观的支配下，为了追求最大的经济效益，人们认识不到或不承认环境本身所具有的价值，采取了以损害环境为代价来换取经济增长的发展模式，其结果是在全球范围内相继造成了严重的环境问题。

（二）环境问题产生的根源

从环境问题产生的主要原因可以看出，环境问题是伴随着人口问题、资源问题和发展问题的出现而出现的，这四者之间是相互联系、相互制约的。从本质上看，环境问题是人与自然的关系问题。在人与自然的矛盾中，人是矛盾的主要方面，因而也是环境问题的最终根源。因此，分析环境问题的根源应该从人着手。环境问题主要来自三大根源：一是发展观根源；二是制度根源；三是科技根源。

发展观根源是指环境问题的产生，是由于人们用不正确的指导思想来指导发展造成的。长期以来，人们在发展观上有个误区，认为单纯的经济增长就等于发展，只要经济发展了，就有足够的物质手段来解决各种政治、社会和环境问题。二战后近20年西方各国流行把"发展"等同于"经济发展"思想。然而事实却非完全如此。很多国家的发展历程已经表明，如果社会发展不协调，环境保护不落实，经济发展将受到更大限制，因为经济发展取得的部分效益是在增加以后的社会发展代价。很多人认为中国可以仿效发达国家，走"先发展后治理"的老路。但中国的人口资源环境结构比发达国家紧张得多，发达国家能在人均8000～10000美元时着手改善环境，而我国很可能在人均3000美元时提前面对日趋严重的环境问题，多年改革开放所积累的经济成果将有很大一部分消耗在环境污染治理上。而如果以"和谐发展观"作为指导，在发展过程中注重人与社会、人与自然、社会与自然的和谐发展，则既能兼顾到经济发展的短期和长期效益，又能减少环境问题的产生。从这个方面上说，不正确的发展观和发展观的误区是产生环境问题的第一根源。

制度根源是指环境问题的产生，是由于环境制度的失败造成的。环境问题之所以产生，就是由于人们生产和消费行为的不合理，而人们生产和消费行为的不合理，是由于没有完善的制度来规范人们的行为和职责。何茂斌在《环境问题的制度根源与对策》一文中认为，环境制度的失败主要表现在四个方面：一是重污染防治，轻生态保护，即预防污染的法规多，生态保护的法规少；二是重点源治理，轻区域治理，即忽视环境的整体性，头痛医头、脚痛医脚；三是重浓度控制，轻总量控制，即按照制度标准控制排放浓度的限值，而忽视污染物的总排放量；四是重末端控制，轻全过程控制，即重视控制经济活动的污染后果，而轻视经济活动过程中的污染排放。由此可见，制度的不完善或不合理是环境问题产生的根源之一。

科技根源是指环境问题的产生，是由于科学技术的负面作用而引起的。科技的发展在给人类的生产、生活带来极大便利的同时，也不断地暴露其负面效应。农药可以预防害虫，也可以使食物具有毒性；塑料袋方便人们拎提物品，也会造成白色污染；电脑方便人们快速地传递信息，也辐射着人们的皮肤；核能能为人们发电，也可以成为毁灭人类的致命武器。从环境污染角度来看，现代社会的重大环境问题都直接和科技有关。资源短缺直接与现代化机器大规模开发有关；生态破坏直接与森林砍伐和捕猎有关；大气污染和水源污染直接和现代的工厂、汽车、火车、轮船等排放的污染物有关。因此，科技的负面作用也是当今环境问题产生的重要根源之一。

三、当代环境问题

环境是人类的共同财富，人和环境的关系是密不可分的，人类赖以生存和生活的客观条件是环境，脱离了环境这一客体，人类将成为无源之水、无本之木，根本无法生存，更谈不上发展。一方水土养一方人，这是人类生存的基本原则。早在 20 世纪 80 年代初，全球变暖、臭氧层空洞及酸雨三大全球性环境问题已初见端倪。进入 20 世纪 90 年代地球荒漠化、海洋污染、物种灭绝等环境问题更是突破了国界，成为影响全人类生存的重大问题。21 世纪全球主要环境问题有以下几方面。

（一）温室效应

大气中含有微量的二氧化碳，二氧化碳有一个重要特性，就是对于来自太阳的短波辐射"开绿灯"，允许它们通过大气层到达地球表面。短波辐射到达地面后，会使地面温度升高。地面温度升高后，就会以长波辐射的形式向外散发热量。而二氧化碳对于来自地面的长波辐射则能吸收，不让其通过，同时把热量以长波辐射的形式又反射给地面。这样就使热量滞留于地球表面。这种现象类似于玻璃温室的作用，所以称为温室效应。能产生温室效应的气体还有甲烷、氯氟烃等。

大气温室效应并不是完全有害的，如果没有温室效应，那么地球的平均表面温度，就不是现在的 15℃，而是 -18℃，人类的生存环境将极为恶劣，不适宜人类的生存。但是，人类大量燃烧矿物燃料，如煤、石油、天然气等，向大气排放的二氧化碳越来越多，使温室效应不断加剧，从而使全球气候变暖。目前人类由于燃烧矿物燃料向大气排放的二氧化碳每年高达 65 亿吨。温室效应最主要的危害就是导致南北两极的冰盖融化，而冰盖融化以后会造成海平面上升。据科学家预测，如果人类对二氧化碳的排放不加限制，到 2100 年，全球气温将上升 2~5℃，海平面将升高 30 ～ 100cm，由此会带来灾难性后果。海拔低的岛屿和沿海大陆就会葬身海底，如上海、纽约、曼谷、威尼斯等许多大城市可能被海水淹没而成为"海底城市"。

现在人类排放的二氧化碳总量在大气层中越积越多，已是不容置疑的事实。据观测，近一个世纪以来，全球平均地面气温上升了 0.3~0.6℃，尤其是自 20 世纪 80 年代以来特别明显。1986 年以来，地球年平均气温连续 11 年高于多年平均值且呈逐步上升趋势。据科学家观测，近 100 多年来，地球上的冰川确实大幅度地后退了，海平面也确实上升了 14~15cm。二氧化碳在大气中的积累肯定会导致全球变暖。如果人类不及时采取措施，不防患于未然，将会后患无穷。

（二）臭氧层空洞

1985 年，英国的南极考察团首次发现南极上空的臭氧层有一个空洞，当时轰动了世界，也震动了科学界。臭氧层空洞成为当时的热点话题。所谓"臭氧层空洞"是指由于人类活动而使臭氧层遭到破坏而变薄。

在太阳辐射中有一部分是紫外线，它对生物有很大的杀伤力，医学上用紫外线杀菌。在距地表 20 ～ 30km 的高空平流层有一层臭氧层，它吸收了 99% 的紫外线，就像一层天然屏障，保护着地球上的万物生灵，使它们免受紫外线的杀伤。因此臭氧层也被誉为地球的保护伞。近年来，科学家又进行调查，发现全球的臭氧层都不同程度地遭到破坏。南极上空的臭氧层破坏最为明显，有一个相当于北美洲面积大小的空洞。

臭氧层空洞会导致到达地面的紫外线辐射增强，人类皮肤癌的发病率大幅度上升。臭氧层破坏最受发达国家的重视，因为发达国家大都是白种人，他们的皮肤癌发病率特别高。另外，紫外线辐射过度还会导致白内障。科学家发现臭氧层中的臭氧每减少 1%，紫外线辐射将增加 2%，皮肤癌发病率将增加 7%，白内障的发病率将增加 0.6%。紫外线辐射增强不仅影响人类的健康，而且还会影响农作物、海洋生物的生长繁殖。现在科学家已经找到了破坏臭氧层的罪魁祸首，那就是氟氯烃类化合物。自然界中是没有这种物质的。它被发明于 1930 年，作为制冷剂、灭火剂、清洗剂等，广泛运用于化工制冷设备，如我们使用的空调、冰箱、发胶、喷雾剂等商品里面都含有氟氯烃。氟氯烃进入高空之后，在紫外线的照射下激化，就会分解出氯原子，氯原子对臭氧分子有很强的破坏作用，把臭氧分子变成普通的氧分子。人类万万没有想到，氟氯烃在造福人类的同时会跑到天上去"闯祸"。

（三）酸雨

酸雨是 20 世纪 50 年代以后才出现的环境问题。现在全世界有三大酸雨区：欧洲、北美和中国长江以南地区。随着工业生产的发展和人口的激增，煤和石油等化石燃料的大量使用是产生酸雨的主要原因。化石燃料中都含有一定量的硫，如煤一般含硫 0.5% ~ 5%，汽油一般含硫 0.25%。这些硫在燃烧过程中 90% 都被氧化成二氧化硫而排放到大气中。据估计，现全世界每年向大气中排放的二氧化硫约 1.5 亿吨。其中燃煤排放约占 70% 以上，燃油排放约占 20%，还有少部分是由有色金属冶炼和硫酸制造排放的。人类排放的二氧化硫在空气中可以缓慢地转化成三氧化硫。三氧化硫与大气中的水汽接触，就生成硫酸。硫酸随雨雪降落，就形成酸雨。

酸雨是指 pH 值小于 5.6 的雨雪。一般正常大气降水含有碳酸，呈弱酸性，pH 值小于 7 而大于 5.6。但由于二氧化硫的大量排放，使雨雪中含有较多的硫酸，使降水的 pH 值小于 5.6，就形成了酸雨。

酸雨对生态环境的危害很大，可以毁坏森林，导致湖泊酸化。如"千湖之国"的瑞典，已酸化的湖泊达到 13000 多个；另外，加拿大也有 10000 多个湖泊由于酸雨的危害成为死湖，生物绝迹。酸雨还会腐蚀建筑物、雕塑。例如，北京的故宫、英国的圣保罗大教堂、雅典的卫城、印度的泰姬陵，都在酸雨的侵蚀下受到危害。酸雨的危害也是跨国界的，常常引起国与国之间的酸雨纠纷。

酸雨污染已成为我国非常严重的环境问题。目前我国长江以南的四川、贵州、广东、广西、江西、江苏、浙江已经成为世界三大酸雨区之一，酸雨区已占我国国土面积的 40%。贵州是酸雨污染的重灾区，全区 1/3 的土地受到酸雨的危害，省城贵阳出现酸雨的频率几乎为 100%。其他主要大城市的酸雨频率也在 90% 以上。降水的 pH 值常为 3 点多，有时甚至为 2 点多。我国著名的雾都重庆，雾也变成了酸雾，对建筑物和金属设施的危害极大。四川和贵州的公共汽车站牌，几乎全都是锈迹斑斑，都是酸雨导致的。另外，酸雨还会使农作物减产。

（四）土地沙漠化

土地沙漠化是世界性的环境问题，沙漠化已经影响到了一百多个国家和地区。地球上的沙漠在以一种惊人的速度扩展。据联合国环境规划署的统计，现在每年有 600 万公顷的土地变为沙漠。现在世界各地都是沙进人退，土地不断被蚕食。科学家呼吁，如果人类再不制止沙漠化，半个地球将成为沙漠。

本来沙漠是气候干旱的产物，像北非的撒哈拉、西亚的一些大沙漠，那些地方的降水量很少。在半干旱地区和湿润地区是不应该出现沙漠化的，因为沙漠化是干旱的产物，在半干旱地区应该是草原景观。但是现在半干旱和半湿润地区也出现了大片的沙漠。例如，我国的内蒙古和陕西交界处的毛乌素沙地。当地的降水量并不少，在汉朝的时候这里还是水草肥美的大草原，可是现在已经变成了一个大沙漠。其实引起沙漠化的罪魁祸首就是我们人类自己。沙漠化是自然界对人类破坏环境的"报复"。在沙漠的外围是半干旱地区的草原，生态环境是比较脆弱的，稍加进行破坏，生态平衡就会被打破，就会出现沙漠化的现象。人类在沙漠的外围过度放牧，会破坏草原的植被，使草原不断地退化，从而变成沙漠。我国是世界上沙漠化危害严重的国家之一，有 1/7 的国土被沙漠覆盖，有 1/3 的国土受到风沙的危害。现在我国的沙漠在以每年 2000km 的速度扩展，也就是说平均每天有 500hm 的土地被沙漠吞食。据观测，1000 多年来，我国西北部的沙漠已经向南推进了 100 多千米。20 多座有文字可查的历史名城像楼兰都被淹没在沙漠之下，我们现在只能从这些古城的断壁残垣去推断他们曾经有过的繁荣。

（五）森林面积减少

森林可以说是人类的摇篮，人类的祖先正是从森林里走出来的。由于人类对森林的过度采伐，现在世界上的森林资源在迅速地减少。据联合国粮农组织的统计，现在全世界每年就有 1200 万公顷的森林消失，就是说平均每分钟就有 20hm 的森林消失。

现在全世界森林锐减的地区都是在发展中国家。由于贫困所迫，他们不得已用宝贵的森林资源换取外汇，如印度尼西亚、菲律宾、泰国等东南亚国家，出口木材是他们外汇收入的一大来源，他们只要能挣到钱，就不会去保护森林资源。日本是世界上第六大木材消费国，但是他们很少砍伐自己的森林，现在日本的森林覆盖率是 70% 左右。他们从东南亚进口大量的木材，每年约 1 亿吨。虽然说日本的森林保护得很好，可是东南亚地区的森林以每年几百万公顷的速度减少。森林锐减除了砍伐森林之外，另一个原因就是在"亚非拉"的一些发展中国家大约有 20 亿农村人口，他们是用木柴作生活燃料。为了得到薪柴，他们年复一年地砍树，最后连草皮也不放过。森林锐减的第三个原因就是毁林开荒。沿着长江三峡从重庆到湖北宜昌，沿岸的山几乎都是死的。由于人多地少，当地农民把坡度很陡的山坡都开垦为耕地。我们国家的森林覆盖率约 13%，低于世界大多数国家，处于第 120 位，我国的人均值仅为世界的 1/6。由于长期以来的过量采伐，我国很多著名的林区森林资源都濒临枯竭，例如长白山、大兴安岭、小兴安岭、西双版纳、海南岛、神农架等林区，有些地方已经变成了荒山秃岭。森林资源的减少，对人类的危害是严峻的，可以加剧土壤侵蚀，引起水土流失，不但改变了流域上游的生态环境，而且同时加剧了河流的泥沙量，使得河流河床抬高，增加洪水水患，例如1998年长江洪水就与上游的森林砍伐有着密切的联系。

（六）物种灭绝与生物多样性锐减

生态系统是由多种生物物种组成的，生物物种的多样性是生态系统成熟和平衡的标志。当自然灾害或人类行为阻碍了生态系统中能量流通和物质循环，就会破坏生态平衡，导致生物物种的锐减。

在地球的历史上，由于自然环境的变迁，发生过5次大规模的物种灭绝。其中我们知道的在6500万年前中生代末期，地球上不可一世的庞然大物恐龙灭绝了，这是一次大规模的物种灭绝。目前，地球正在经历着第六次大规模的物种灭绝。这一次同前几次物种灭绝不同的是导致这场悲剧的正是人类自己。由于人类对野生生物的狂捕滥杀，对生态环境的污染和破坏，使得地球上越来越多的物种已经或正在遭受灭顶之灾，如亚洲的老虎、大象，非洲的犀牛数量都在锐减或濒临灭绝。据科学家估计，地球上生物大约有3000万种，被人类所发现和鉴定的大约有150万种，也就是说，现在地球上很多物种还没有被人类发现。在交通不便、人迹罕至的热带雨林地区，如巴西的亚马逊森林、东南亚印尼的热带雨林等人类很难深入进去，那些地区又是物种资源的宝库，很多物种还没有被人类发现。由于人类对生态环境的破坏，大量砍伐热带雨林，可能有很多物种还没有被人类发现和鉴定，就已经从我们地球上灭绝了。这种情况是非常惊人的，原来生存于我国的招鼻羚羊、野马、犀牛、野羊等野生动物在我国已经绝迹了；另外，华南虎、白金驼、亚洲象、双峰驼、黑冠长臂等野生动物也都面临濒临灭绝的威胁。物种的不断灭绝，将会导致生态的不平衡或食物链的破坏，这种危害是人类所无法想象的。

（七）水环境污染与水资源危机

地球表面有71%的面积被水覆盖。可是就在我们居住的这个"水球"上，水资源危机却愈演愈烈，现在全世界很多地方都在闹水荒。那么我们这个"水球"为什么会闹水荒呢？在许多人看来水资源是取之不尽、用之不竭的。但地球上的水资源虽然很丰富，但其中97.5%的水属于咸水，只有2.5%的水是淡水。而且这2.5%中，70%被冻结在南北两极。因此，全球水资源只有不到1%可供人类使用，而且这有限的淡水资源在地球上的分布很不平衡。随着经济发展和人口激增，人类对水的需求量越来越大。现在全世界对水消耗的增长率超过了人口增长率。早在1973年召开的联合国水资源会议上，科学界就向全世界发出警告，水资源问题不久将成为深刻的社会危机，世界上能源危机之后的下一个危机极有可能就是水危机。确实，当人类面临能源危机时，还可以通过核能发电，甚至在大海里还可以有核聚变的能源，可以利用太阳能、潮汐能。也就是说，在一种能源发生危机时，我们可以找到替代能源。但若水资源发生危机了，有什么能替代水吗？没有，到目前为止，还没有一种物质能够替代水的效果。如果水发生危机，将会对人类产生非常大的影响。

（八）水土流失

由于人类大规模地破坏森林，使全世界的水土流失异常严重，据联合国环境署的不完全统计，全世界每年流失土壤达 250 亿吨。例如，喜马拉雅山南麓的尼泊尔，是世界上水土流失最严重的国家之一。每到雨季，大量的表土就被洪水冲刷到印度和孟加拉国，使得尼泊尔耕地越来越贫瘠，人民越来越贫困。土壤被带入江河、湖泊，又会造成水库、湖泊的淤积，从而抬高河床，减少水库湖泊的库容，加剧洪涝灾害。因此，我们说森林破坏所造成的生态危害是非常严重的。有些科学家说，森林的生态效益比它的经济效益要大得多，道理也正在于此。

我国水土流失的面积，占国土面积的 1/3，每年流失的土壤高达 50 亿吨，相当于全国的耕地每年损失 1cm 厚的土壤。而自然形成 1cm 厚的土壤，需要 400 年的时间。我国每年由于水土流失所带走的氮、磷、钾营养元素等，相当于一年的化肥产量。水土流失最典型的例子就是黄河流域。黄河之所以称为黄河，就是因为泥沙含量相当高，黄河每年输送的泥沙达 16 亿吨，居世界顶峰，这就是由于水土流失造成的。1998 年我国长江流域发生特大洪涝灾害，其实这一年的降雨量并没有超过 1954 年，但灾害的损失远大于 1954 年。其原因之一就是由于水土流失使得河道和蓄洪的水库湖泊严重淤积，降低了防洪能力，使洪水宣泄不畅，加剧了洪涝灾害。据科学家统计，目前灾害中受灾面积和人数增长最快的就是水灾。这显然与水土流失有直接的关系。尽管全世界每年都为防洪工程投入巨额的资金，其实是治标不治本。如果我们的江河上游都是郁郁葱葱的青山，那么洪涝灾害将会大大地减少。

（九）城市垃圾成灾

与日俱增的垃圾，包括工业垃圾和生活垃圾，已经成为世界各国都棘手的难题。尤其发达国家高消费的生活方式，更导致垃圾泛滥成灾，最典型的就是美国。美国有一个外号是"扔东西的社会"，什么东西都扔。美国是世界上最大的垃圾生产国，每年大约要扔掉旧汽车 1000 多万辆，废汽车轮胎 2 亿只。我国的城市垃圾量，也在以惊人的速度增长。目前，我国 1 年的生活垃圾量将近 2 亿吨，而这些生活垃圾几乎都没有经过无害化处理。世界上的垃圾无害化处理一般有三种方式：一种是焚烧，用来发电，目前发达国家多采取这一方法；另外一种方法是卫生填埋；还有一种就是堆肥。

垃圾未经处理而集中堆放，不仅占用了耕地，而且污染环境、破坏景观。每刮大风，垃圾中的病原体和微生物等随风而起，污染空气；每逢下雨，垃圾中的有害物质又会随雨水渗入地下，污染地下水。因此垃圾如果不处理，将会对我们的生存环境造成严重的危害。除了占地之外，我国还屡次发生垃圾爆炸的事件。1994年8月1日，湖南省岳阳市就有一座2万立方米的大垃圾堆突然发生爆炸，产生的冲击波将15000t的垃圾抛向高空，摧毁了垃圾场附近的一座泵房和两道防污水的大堤，具有很大的破坏性。1994年12月4日，重庆市也发生了一起严重的垃圾爆炸事件，而且造成了人员伤亡。当时垃圾爆炸产生的气浪把在场工作的9名工人全都掩埋，当场死亡5人。

近年来人们大量地使用一次性塑料制品，如塑料袋、快餐盒、农用塑料地膜等，这些一次性塑料制品被人随意丢弃，造成严重的白色污染。据估计，目前我国每年产生的塑料垃圾量已经超过100万吨，其中仅一次性塑料快餐盒就有16亿只。塑料垃圾不像纸张、果皮、菜叶等有机物垃圾那样易于被自然降解。它不能被微生物降解，因此会长时间地留存在自然界中。这种污染是长期的，非常严重。

（十）大气环境污染

我国的城市大气污染非常严重。我国的城市大气污染之所以如此严重，有以下两个主要原因：

（1）由于我国以煤炭为主要能源，燃煤会排放大量的污染物，如氮氧化物、烟尘等。我国的能源结构是以煤为主的，冬季采暖要烧煤，工业发电要烧煤，有些地方居民做饭要烧煤，而燃烧大量的煤会给大气导致非常严重的污染。

（2）汽车尾气对空气的污染。现在由于我国城市汽车拥有量越来越多，这一问题也越来越严重。目前我国的城市汽车保有量每年在以13%的速度递增。过去许多城市的空气污染是煤烟型污染，现在也逐渐转变为汽车尾气型污染。汽车尾气中含有许多对人体有毒的污染物，主要有：一氧化碳、氮氧化物、铅。人体长期吸入含铅的气体，就会引起慢性铅中毒，主要症状是头疼、头晕、失眠、记忆力减退。儿童对铅污染特别敏感，铅中毒会损伤儿童的神经系统和大脑，造成儿童的智力低下，影响儿童的智商，有时甚至会造成儿童痴呆。

由于大气环境污染，同时带来了一系列其他环境问题，例如酸雨污染、全球气候变暖、臭氧层空洞等。

四、环境科学概述

（一）环境科学的概念

环境科学是在人们面临一系列环境问题，并且要解决环境问题的需求下，逐渐形成并发展起来的由多学科到跨学科的科学体系，也是一个介于自然科学、社会科学、技术科学和人文科学之间的科学体系。环境科学的兴起和发展是人类社会生产发展产生的必然结果，也是人类对自然现象的本质和变化规律认识深化的体现。

环境科学是以"人类—环境"系统为其特定的研究对象。它是研究"人类—环境"系统的发生、发展和调控的科学。"人类—环境"系统及人类与环境所构成的对立统一体，是一个以人类为中心的生态系统。

（二）环境科学的特点

环境科学具有涉及面广、综合性强、密切联系实践的特点。它既是基础学科，又是应用学科。在研究过程中必须做到宏观与微观相结合，近期与远期相结合，而且要有一个整体的观点。总结起来，有如下几个特点。

1.综合性

环境科学是一门综合性很强的新兴的边缘学科，它要解决的问题均具有综合性的特点，特别在进行具体课题研究时，必然体现出跨学科、多学科交叉和渗透的特点，必须应用其他学科的理论和方法，但又不同于其他学科。环境科学的形成过程、特定的研究对象，以及非常广泛的学科基础和研究领域，决定了它是一门综合性很强的重要的新兴学科。

2.整体性

英国经济学家 B·沃德（B.Ward）和美国微生物学家 R·杜博斯（R.Dubos），受联合国人类环境会议秘书长 M·斯特朗（M.Strong）委托所编写的《只有一个地球》一书，就是把环境问题作为一个整体研究的最好尝试。该书不仅从整个地球的前途出发，而且从社会、经济和政治的角度来讨论人类的环境问题。把人口问题、资源的滥用、工艺技术的影响、发展的不平衡以及世界范围的城市困境等作为整体来探讨环境问题。这是其他学科所不能代替的，大至宇宙环境，小到工厂、区域环境都得从整体的角度来考虑和研究，而不像有些科学只研究某一问题的某一方面，这是环境科学不同于其他科学的另一特点。

3. 实践性

环境科学是由于人类为了解决在生产和生活实践中产生的环境污染问题而逐渐发展起来的。也就是说，在人类同环境污染的长期斗争中形成的一个新的科学领域，所以具有很强的实践性和旺盛的生命力。

英国伦敦泰晤士河从污染到治理，主要是由于英国政府对环境科学的重视。就我国环境科学研究的领域和内容来看，都是与实际生产、生活中需要解决的问题紧密联系的。如我国大气环境质量中的光化学烟雾污染、酸雨、大气污染对居民健康影响等问题；我国河流污染的防治，湖泊富营养化问题，水土流失与水土保持问题；海洋的油污染和重金属污染等问题；城市生态问题；环境污染与恶性肿瘤关系问题；自然资源的合理利用和保护等问题，都是环境科学的研究范围。

4. 理论性

环境科学在宏观上研究人类同环境之间的相互促进、相互联系、相互作用、相互制约的对立统一关系，既要揭示自然规律，也要揭示社会经济发展和环境保护协调发展的基本规律；在微观上研究环境中的物质，尤其是人类活动排放的污染物的分子、原子等微小粒子在有机体内迁移、转化和蓄积的过程及其运动规律，探索它们对生命的影响及其作用机理等。环境科学不仅随着国民经济的发展而不断发展，而且由于各种学科的结合、渗透，在理论上也日趋完善。

（三）环境科学的基本任务

环境科学的基本任务如下：

（1）探索全球范围内环境演化的规律。在人类改造自然的过程中，为使环境向有利于人类的方向发展，就必须了解环境变化的过程，包括环境的基本特征、环境结构的形式和演化机理等，为人类提供更好的生存服务。

（2）揭示人类活动同自然生态之间的关系。环境为人类提供生存条件，人类通过生产和消费活动，不断影响环境的质量。人类生产和消费系统中物质和能量的迁移、转化过程是异常复杂的。但必须使物质和能量的输入同输出之间保持相对平衡。这个平衡包括两项内容：一是排入环境的废弃物不能超过环境自净能力，以免造成环境污染，损害环境质量；二是从环境中获取可更新资源不能超过它的再生增殖能力，以保障可持续利用；从环境中获取不可再生资源要做到合理开发和利用。因此在社会经济发展规划中必须列入环境保护的内容，有关社会经济发展的决策必须考虑生态学的要求，以求得人类和环境得到协调发展，这样才能和环境友好相处。

（3）探索环境变化对人类生存的影响。环境变化是由物理的、化学的、生物的和社会的因素以及它们的相互作用所决定的，因此环境科学在此方面有不可推卸的责任，必须研究环境退化同物质循环之间的关系。这些研究可为保护人类生存环境、制定各项环境标准、控制污染物的排放量提供依据，以防环境的恶化引起人类的灾难，如近年的水污染及其中污染物进入人体后发生的各种作用，包括致畸作用和致癌作用。再如大气污染、城市的空气指数的恶化对人们健康的影响等。

（4）研究区域环境污染综合防治的技术措施和管理措施，如某个地方区域环境污染了，我们应如何应对和保护。我国的工业污染很多，如何防治和治理都和环境科学有关。实践证明需要综合运用多种工程技术措施和管理手段，调节并控制人类和环境之间的相互关系，利用系统分析和系统工程的方法寻找解决环境问题的最优方案。

（5）完善自我的体系，收集数据为环境与人类的和谐相处打下基础。同时培养新一代的环境科学工作者为人类服务。

（四）环境科学面临的机遇和挑战

面对如今科技的日新月异，环境问题越来越受到人们的关注。工业的发展必定会影响环境，许多地区因为一味地追求经济的发展而以环境为代价，从而造成了环境的大面积污染。那么环境科学就应该起到它的作用，治理环境、保护环境。在这个大环境下环境科学应该得到关注和重视。

自产业革命以来，人类在社会文明和经济发展方面取得了巨大的成就。与此同时，人类对自然的改造也达到空前的广度、深度和强度。有研究表明，地球一半以上的陆地表面都受到人为活动的改造，一半以上的地球淡水资源都已被人类开发利用，人类活动严重影响着地球系统。由此产生的问题就是环境污染。环境污染的广度和深度对人类的生存带来了巨大的影响，如何治理好污染是人类的一项重要任务。

对环境科学政府要大力支持，对污染环境的企业要严惩，并做好宣传，在群众中培养、提高环境保护意识，让环境科学为人类做出最大的贡献。

第三节 环境污染与人体健康

一、环境污染概述

当各种物理、化学和生物因素进入大气、水、土壤环境，如果其数量、浓度和持续时间超出了环境的自净力，以致破坏了生态平衡，影响人体健康，造成经济损失时，称为环境污染。环境污染的产生是一个从量变到质变的过程，目前环境污染产生的原因主要是资源的浪费和不合理的使用，使有用的资源变为废物进入环境而造成危害。

环境污染会给生态系统造成直接的破坏和影响，如沙漠化、森林破坏；也会给生态系统和人类社会造成间接的危害，有时这种间接的环境效应的危害比当时造成的直接危害更大，也更难消除。例如，温室效应、酸雨和臭氧层破坏就是由大气污染衍生出的环境效应。这种由环境污染衍生的环境效应具有滞后性，往往在污染发生的当时不易被察觉或预测到，然而一旦发生就表示环境污染已经发展到相当严重的地步。当然，环境污染的最直接、最容易被人类所感受的后果是使人类环境的质量下降，影响人类的生活质量、身体健康和生产活动。例如，城市的空气污染造成空气污浊，人们的发病率上升等；水污染使水环境质量恶化，饮用水源的质量普遍下降，威胁人的身体健康，引起胎儿早产或畸形等。环境污染是指人类直接或间接地向环境排放超过其自净能力的物质或能量，从而使环境的质量降低，对人类的生存与发展、生态系统和财产造成不利影响的现象。

二、环境污染对人体健康的影响

环境是人类生存的空间，不仅包括自然环境，日常生活、学习、工作环境，而且还包括现代生活用品的科学配置与使用。环境污染不仅影响到我国社会经济的可持续发展，也突出地影响到人民群众的安全健康和生活质量，如今已受到人们越来越多的关注。人类健康的基础是人类的生存环境，只有生物多样性丰富、稳定和持续发展的生态系统，才能保障人类健康的稳定和持续发展，而环境污染是人类健康的大敌，生命与环境最密切的关系是生命利用环境中的元素建造自身。

（一）环境污染物影响人体健康的特点

对人体健康有影响的环境污染物主要来自工业生产过程中形成的废水、废气、废渣，包括城市垃圾等。环境污染物影响人体健康的特点：一是影响范围大，因为所有的污染物都会随地球化学循环而流动，并且对所有的接触者都有影响；二是作用时间长，因为许多有毒物质在环境中及人体内的降解较慢。

（二）环境污染对人体健康的影响因素

环境污染物对机体健康能否造成危害以及危害的程度，受到许多条件的影响，其中最主要的影响因素为污染物的理化性质、剂量、作用时间、环境条件、健康状况和易感性特征等。

1. 污染物的理化性质

环境污染物对人体健康的危害程度与污染物的理化性质有着直接的关系。如果污染物的毒性较大，即便污染物的浓度很低或污染量很小，仍能对人体造成危害。例如，氰化物属剧毒物质，即便人体摄入的量很低，也会产生严重的危害，但也有些污染物转化成为新的有毒物质而增加毒性，例如，汞经过生物转化形成甲基汞，毒性增加；有些毒物如汞、砷、铅、铬、有机氯等，虽然其浓度并不很高，但这些物质在人体内可以蓄积，最终危害人体健康。

2. 剂量或强度

环境污染物能否对人体产生危害以及危害的程度，主要取决于污染进入人体的"剂量"。

（1）有害元素和非必需元素。这些元素因环境污染而进入人体的剂量超过一定程度时可引起异常反应，甚至进一步发展成疾病，对于这类元素主要是研究制订其最高容许量的问题，如环境中的最高容许浓度。

（2）必需元素。这种元素的剂量—反应关系较为复杂，一方面环境中这种必需元素的含量过少，不能满足人体的生理需要时，会使人体的某些功能发生障碍而形成一系列病理变化；另一方面，如果环境中这种元素的含量过多，也会引起程度不同的中毒性病变。因此，对于这类元素不仅要研究和制订环境中最高容许浓度，而且还要研究和制订最低供应量的问题。

3. 作用时间

毒物在体内的蓄积量受摄入量、生物半减期和作用时间三个因素的影响。很多环境污染物在机体内有蓄积性，随着作用时间的延长，毒物的蓄积量将加大，达到一定浓度时，就引起异常反应并发展成为疾病，这一剂量可以作为人体最高容许限量，称为中毒阈值。

4. 健康效应谱与敏感人群

在环境有害因素作用下产生的人群健康效应，由人体负荷增加到患病、死亡这样一个金字塔的人群健康效应谱所组成。

从人群健康效应谱上可以看到，人群对环境有害因素作用的反应是存在一定差异的。尽管多数人在环境有害因素作用下呈现出轻度的生理负荷增加和代偿功能状态，但仍有少数人处于病理性变化，即疾病状态甚至出现死亡。通常把这类易受环境损伤的人群称为敏感人群（易感人群）。

机体对环境有害因素的反应与人的健康状况、生理功能状态、遗传因素等有关，有些还与性别、年龄有关。在多起急性环境污染事件中，老、幼、病人出现病理性改变，症状加重，甚至死亡的人数比普通人群多，如1952年伦敦烟雾事件期间，年龄在45岁以上的居民死亡人数为平时的3倍，1岁以下婴儿死亡数比平时也增加了1倍，在4000名死亡者中，80%以上患有心脏或呼吸系统疾病。

5. 环境因素的联合作用

化学污染物对人体的联合作用，按其量效关系的变化分为以下几种类型：

（1）相加作用。相加作用是指混合化学物质产生联合作用时的毒性为单项化学物质毒性的总和。如CO和氟利昂都能导致缺氧，丙烯和乙醇都能导致窒息，因此它们的联合作用特征表现为相加作用。

（2）独立作用。由于不同的作用方式、途径，每个同时存在的有害因素各产生不同的影响。但是混合物的毒性仍比单种毒物的毒性大，因为一种毒物常可降低机体对另一毒物的抵抗力。

（3）协同作用。当两种化学物同时进入机体产生联合作用时，其中某一化学物质可使另一化学物质的毒性增强，且其毒性作用超过两者之和。

（4）洁抗作用。一种化学物能使另一种化学物的毒性作用减弱，即混合物的毒性作用低于两种化学物中任一种的单独毒性作用。

三、环境污染对人体健康的危害

环境污染对人体健康的不利影响，是一个十分复杂的问题。有的污染物在短期内通过空气、水、食物链等多种介质侵入人体，或几种污染物联合大量侵入人体，造成急性危害。也有些污染物，小剂量持续不断地侵入人体，经过相当长时间才显露出对人体的慢性危害或远期危害，甚至影响到子孙后代的健康。这是环境医学工作者面临的一项重大研究课题。从近几十年来的状态看，环境污染对人体造成的危害主要是急性、慢性和远期危害。

（一）急性危害

急性危害是指在短期内污染物浓度很高，或几种污染物联合进入人体可使暴露人群在较短时间内出现不良反应、急性中毒甚至死亡的危害。通常发生在特殊情况下，例如，光化学烟雾就是汽车尾气中的氮氧化物和碳氢化合物在阳光紫外线照射下，形成光化学氧化剂 O、NO、NO 和过氧乙酰硝酸酯（PAN）等，与工厂排出的 SO_2 遇水分产生硫酸雾相结合而形成的光化学烟雾。当大气中光化学氧化剂浓度达到 0.1×10 以上时，就能使竞技水平下降，达到 $(0.2 \sim 0.3) \times 10$ 时，就会造成急性危害。主要是刺激呼吸道黏膜和眼结膜，而导致眼结膜炎、流泪、眼睛疼、嗓子疼、胸疼，严重时会造成操场上运动着的学生突然晕倒，出现意识障碍。经常受害者能加速衰老，缩短寿命。如 1971 年 7 月 13 日 17 时许，某市冶炼厂的镍冶炼车间，由于输送氯气的胶皮管破裂，造成氯气污染大气的急性中毒事件，使工厂周围 284 名居民受害，同时也使附近工厂受到影响，不能进行正常生产。桂林市永福县某乡在水稻抽穗扬花时，用西力生农药（含 2% 氯化乙基汞）防治稻癌病，每亩喷撒 0.28kg，过了 10 天收割的稻米村民吃后，184 人中有 62 人中毒。经化验，大米含汞量达 0.62~0.7mg/kg，发病的潜伏期以 16 ~ 22 天者为多。

（二）慢性危害

慢性危害是指污染物在人体内转化、积累，经过相当长时间（半年至几十年）才出现病症的危害。慢性危害的发展一般具有渐进性，出现的有害效应不易被察觉，一旦出现了较为明显的症状，往往造成不可逆的损伤，造成严重的健康后果。

1. 大气污染对呼吸道慢性炎症发病率的影响

国内外大气污染调查资料还表明，大气污染物对呼吸系统的影响，不仅使上呼吸道慢性炎症的发病率升高，同时还由于呼吸系统持续不断地受到飘尘、SO、NO_2 等污染物刺激腐蚀，使呼吸道和肺部的各种防御功能相继遭到破坏，抵抗力逐渐下降，从而提高了对感染的敏感性。这样一来，呼吸系统在大气污染物和空气中微生物联合侵袭下，危害就逐渐向深部的细支气管和肺泡发展，继而诱发慢性阻塞性肺部疾患及其续发感染症。这一发展过程，又会不断增加心肺的负担，使肺泡换气功能下降，肺动脉氧气压力下降，血管阻力增加，肺动脉压力上升，最后因右心室肥大，右心功能不全而导致肺心病。

2. 铅污染对人体健康的危害

环境中铅的污染来源主要有两方面：一是工矿企业，由于铅、锌与铜等有色金属多属共生矿，在其开采与冶炼过程中，铅随着废气、废水、废渣排入环境而导致大气、土壤、蔬菜等污染；二是汽车排气，汽车用含四乙铅的汽油作燃料。

铅能引起末梢神经炎，出现运动和感觉异常。常见有伸肌麻痹，可能是铅抑制了肌肉里的肌磷酸激酶，使肌肉里的磷酸肌酸减少，使肌肉失去收缩动力而产生的。被吸收的铅，在成年人体内有91%～95%形成不稳定的磷酸三铅 $[Pb(PO_4)_2]$ 沉积在骨骼中，在儿童多积存于长骨干的臂端，从 X 线照片上可见长骨臂端钙化带密度增强，宽度加大，骨臂线变窄。幼儿大脑受铅的损害，比成年人敏感得多。儿童经常吸入或摄入低浓度的铅，能影响儿童智力发育和造成行为异常。经研究，对血铅超过 60mg/100mL 的无症状的平均 9 岁的儿童，经追踪观察，数年后，就发现有学习低能和注意力涣散等智力障碍，并伴有举止古怪等行为异常的表现。目前，各国都在开展铅对儿童健康危害的剂量—反应关系的研究，为制订大气、饮水、食品中含铅量的标准提供依据，以保护儿童和成人不受铅危害。

3. 水体和土壤污染对人体造成的慢性危害

水体污染与土壤污染对人体造成慢性危害的物质主要是重金属。如汞、铬、铅、砷等含生物毒性显著的重金属元素及其化合物，进入环境后不能被生物降解，且具有生物累积性，直接威胁人类身体健康。例如水保病，这种病 1956 年发生在日本熊本县水保湾地区，故称"水保病"，这是一种中枢神经受损害的中毒症。重症临床表现为口唇周围和肢端呈现出神经麻木（感觉消失）、中心性视野狭窄、听觉和语言受障碍、运动失调。但慢性潜在性患者，并不完全具备上述症状。经日本熊本大学医学院等有关单位研究证明，这种病是建立在水保湾地区的水保工厂排出的污染物甲基汞造成的。甲基汞在水中被鱼类吸入体内，使鱼体含汞量达到（20～30）× 10^{-6}（1959 年），甚至更高。大量食用这种含甲基汞的鱼的居民即可患此病。病情的轻重取决于摄入的甲基汞剂量。短期内进入体内的甲基汞量大，发病就急，出现的症状典型；长期小量地进入人体，发病就慢，症状也不典型。总之，食用含甲基汞的鱼的人，都遭到程度不同的危害。此外，环境污染引起的慢性危害，还有镉中毒、砷中毒等。环境污染对人体的急性和慢性危害的划分，只是相对而言，主要取决于剂量—反应关系。如水保病，在短期内吃入大量甲基汞，也会引起急性危害。

（三）远期危害

远期危害是指环境污染物质进入人体后，经过一段较长（有的长达数十年）的潜伏期才表现出来，甚至有些会影响子孙后代的健康和生命的危害。远期危害是目前最受重视的，主要包括致癌作用、致畸作用和致突变作用。

（1）致癌作用是指能引起或引发癌症的作用。据若干资料推测，人类癌症由病毒等生物因素引起的不超过5%；由放射线等物理因素引起的也在5%以下；由化学物质引起的约占90%，而这些物质主要来自环境污染。例如，近几十年来，随着城市工业的迅猛发展，大量排放废气污染空气，工业发达国家肺癌死亡率急剧上升，在我国某些地区的肝癌发病率与有机氯农药污染有关。据报道，人类常见的八大癌症有四种在消化道（食道癌、胃癌、肝癌、肠癌），两种在呼吸道（肺癌、鼻咽癌），因此癌症的预防重点是食物与空气的污染。

（2）致畸作用是指环境污染物质通过人或动物母体影响动物胚胎发育与器官分化，使子代出现先天性畸形的作用。随着工业迅速发展，大量化学污染物质排入环境，许多研究者在环境污染事件中都观察到由于孕期摄入毒物而引发的胎儿畸形发生率明显增加。有些人认为，致过敏也是污染物造成的远期危害之一。

（3）致突变作用是指污染物或其他环境因素引起生物体细胞遗传信息发生突然改变的作用。这种变化的遗传信息或遗传物质在细胞分裂繁殖过程中能够传递给子代细胞，使其具有新的遗传特性。

第二章 生态学基本原理

第一节 生态学概述

一、生态学的定义

"生态学"（ecology）一词最早出现在 19 世纪下半叶（eco 表示住所、栖息地；logy 表示学问），德国生物学家赫克尔（Ernst Haeckel）1869 年在《有机体普通形态学》一书中首先对生态学作了基本定义："研究生物有机体和无机环境相互关系的科学。"但当时并未引起人们的关注，直到 20 世纪初才逐渐公认生态学是一门独立的学科。后来，有的学者把生态学定义为："研究生物或生物群体与其环境的关系。"我国著名生态学家马世骏把生态学定义为："研究生物与其生活环境之间相互关系及其作用机理的科学。"这里所说的生物有：动物、植物、微生物（包括人类在内）；而环境是指各种生物特定的生存环境，包括非生物环境和生物环境。非生物环境如空气、阳光、水和各种无机元素等；生物环境指主体生物以外的其他一切生物。

由此可见，生态学不是孤立地研究生物，也不是孤立地研究环境，而是研究生物与其生存环境之间的相互关系。这种相互关系具体体现在生物与其环境之间的作用与反作用、对立与统一、相互依赖与相互制约、物质循环与能量循环等几个方面，现代生态学研究范围已扩大到经济、社会、人文等领域。

二、生态学的发展

纵观生态学的发展，可分为两个阶段。

（一）生物学分支学科阶段（1866 ～ 1960 年）

20 世纪 60 年代以前，生态学基本上局限于研究生物与环境之间的相互关系，属于生物学的一个分支学科，初期生态学主要是以各大生物类群与环境相互关系为研究对象，因而出现了植物生态学、动物生态学、微生物生态学等，从而以生物有机体的组织层次与环境的相互关系为研究对象出现了个体生态学、种群生态学和生态系统。

个体生态学主要研究各种生态因子对生物个体的影响。各种生态因子包括光照、温度、大气、水、湿度、土壤、地形、环境中的各种生物以及人类的活动等。各种生态因子对生物个体的影响，主要表现在引起生物个体新陈代谢的质和量的变化，物种的繁殖能力和种群密度的改变，以及对种群地理分布的限定等。

种群生态学从 20 世纪 30 年代开始，就成为生态学中的一个主要领域。种群是在一定空间和时间内同一种生物的集合（如一个池塘里的全部鲤鱼、一块草地上的所有黄羊；某一城市中的人口等都可以看作一个种群），但是，它是通过种群内在关系调节组成的一个新的有机统一体，它具有个体所没有的特征，如种群增长型、密度、出生率、死亡率、年龄结构、性别比、空间分布等。种群生态学主要是研究种群与其环境相互作用下，种群在空间分布和数量变动的规律，如种群密度、出生率、死亡率、存活率和种群增长规律及其调节作用等。

群落生态学是以生物群落为研究对象。生物群落是在某一时间内某一区域中不同种生物的总和。一般来说，一个群落中有多个物种，生物个体也是大量的。群落的多样性和稳定性已成为群落生态学的重点研究课题。

到 20 世纪 60 年代开始了以生态系统为中心的生态学，这是生态学发展史上的飞跃。生态系统是指在自然界一定空间内，生物与环境构成的统一整体。即把生物与生物、生物与环境以及环境各因子之间的相互联系、相互制约的关系，作为一个系统来研究。

（二）综合性学科阶段（1960 年至今）

20 世纪 50 年代后半期以来，由于工业的迅猛发展和人口膨胀，导致粮食短缺、环境污染、资源紧张等一系列世界性问题出现，迫使人们不得不以极大的关注去寻求协调人与自然的关系，探索全球持续发展的途径，这一社会需求推动了生态学的发展，使其超越了自然科学的范畴迅速发展为当代最活跃的前沿科学之一。

近代系统科学、控制论、电子计算机、遥感和超微量物质分析的广泛应用，为生态学对复杂系统结构的分析和模拟创造了条件，为深入探索复杂系统的功能和机理提供了更为科学和先进的手段，这些相邻学科的"感召效应"促进了生态学的高速发展。

总之，生态学不仅限于研究生物圈内生物与环境的辩证关系及相互作用的规律，也不仅限于人类活动（主要是经济活动）与生物圈（自然生态系统）的关系，而是扩展到了研究人类与社会圈或技术圈的关系。如文化生态学、教育生态学、社会生态学、城市生态学、工业生态学等。当前，我国对环境污染与破坏的控制，仍然以城市环境综合整治与工业污染防治为重点，运用城市生态学和工业生态学理论制定城市和工业污染防治规划，制定相应城市生态规划和制定工业生态规划方案，发展生态农业。由此可见，生态学正以前所未有的速度，在原有学科理论与方法的基础上，与环境科学及其他相关学科相互渗透，向纵深发展并不断拓宽自己的领域。生态学已逐渐发展成为一门指导人类以系统、整体观念来对待和管理地球和生物圈的科学。

第二节　生态系统

一、生态系统的概念和组成

（一）生态系统的概念

地球上的生物不可能单独存在，如同一个人离不开人类社会一样，而总是多种生物通过各种方式，彼此联系而共同生活在一起，组成一个"生物的社会"称生物群落（植物群落、动物群落、微生物群落）。生物群落与环境之间的联系是密不可分的，它们彼此联系、相互依存、相互制约、共同发展，形成一个有机联系的整体称为生态系统。这种观点早在 19 世纪末 20 世纪初已形成，1935 年英国生态学家坦斯利首次提出生态系统这一科学理念。

我国生态学专家马世骏教授提出：生态系统是指一定的地域或空间内，生存的所有生物和环境相互作用，具有一定的能量流动、物质循环和信息联系的统一体。简言之，"生态系统是指生命系统与环境系统在特定空间的组合"。在这个统一整体中，生物与环境之间相互影响，相互制约，不断演变，并在一定时期内处于相对稳定的动态平衡状态。生态系统具有一定的组成、结构和功能，是自然界的基本结构单元。

生态系统的范围可大可小（由研究的需要而定）。大至包括整个生物圈、整个海洋、整个大陆；小至一片草地、一个池塘、一片农田、一滴有生命存在的水。小的生态系统可以组成大的生态系统，简单的生态系统可构成复杂的生态系统，丰富多彩的生态系统合成一个最大的生态系统——生物圈。

生态系统除自然的以外，还有人工生态系统，如水库、农田、城市、工厂。现在人类已逐渐认识到自己和周围环境是一个整体，把自己的事和环境联系成一个系统来考虑，产生了人类生态系统、社会生态系统以便更好地保持人类和环境之间的平衡。

（二）生态系统的组成

地球表面任何一个生态系统（不论是陆地还是水域，或大或小），都是由生物和非生物环境两大部分构成。或者分为非生物环境、生产者、消费者和分解者四种基本成分。

1.生物部分

生态系统中有许许多多的生物。按照它们在生态系统中所处的地位和作用不同，可以分为生产者、消费者、分解者三大类群。

（1）生产者（自养者）

生产者是生态系统的基础，指能制造有机物质的自养生物，主要是绿色植物，也包括少数能自营生活的微生物，如光能合成细菌和化能合成细菌也能把无机物合成为有机物。

绿色植物体内含有叶绿素，通过光合作用把吸收来的CO、HO和土壤中的无机盐类转化为有机物质（糖、蛋白质、脂肪），把太阳能以化学能的形式固定在有机物质中。这些有机物质是生态系统中其他生物维持生命活动的食物来源，故把绿色植物称为生产者。如果没有这个绿色加工厂源源不断地"生产"有机物质，整个生态系统的其他生物就无法生存。因此，破坏森林、草原植被就等于破坏整个生态系统。除绿色植物外，光能合成细菌和化能合成细菌，也能把无机物合成为有机物质。但化能合成细菌在合成有机物时，不是利用太阳能，而是靠氧化无机物取得能量。如硝化细菌，能把氨氧化为亚硝酸和硝酸，利用氧化过程中释放出来的能量，把二氧化碳和水合成为有机物。虽然光能合成细菌或化能合成细菌合成的有机物不多，但它们对某些营养物质的循环却有重要意义。

（2）消费者（异养生物）

消费者是指直接或间接利用绿色植物所制造的有机物质为食的异养生物。主要指动物，也包括某些腐生或寄生的菌类。结合食性不同或取食的先后，又可以将它们分为：

1）草食动物（一级消费者）。以植物的叶、果实、种子为食的动物,如动物中的牛、羊、兔、骆驼,昆虫类中的菜青虫、蝉等;在生态系统中,绿色植物所制造出的有机质首先由它们来"享受",所以又称初级消费者。

2）肉食动物（二级和三级消费者等）。以草食动物或其他弱小动物为食,如狐狸、青蛙、狼、虎、豹鹰、鲨鱼等,谚语:"螳螂捕蝉,黄雀在后",消费者的级别没有严格界限,有许多为杂食动物。

3）寄生动物。寄生在其他动植物体内,靠吸取宿主营养为生。如虱子、蛔虫、菟丝子、线虫等,有益昆虫赤眼蜂寄生在危害农作物螟虫的卵块中,吸取虫卵块的养分;金小蜂产卵在棉铃虫体内,孵化后的幼虫吸取棉铃虫体内的养分生活。

4）腐食动物。以腐烂的动植物残体为食,如老鹰、屎壳郎等。

5）杂食动物。它们的食物是多种多样的,既吃植物,也吃动物。如麻雀、熊、鲸鱼、人等。

消费者在生态系统中的作用:一是实现物质和能量的传递,如草—兔子—狼;二是实现物质的再生产,如草食动物把植物蛋白生产为动物蛋白;三是对整个生态系统起自我调节的能力,尤其是对生产者过度生长、繁殖起控制作用。

（3）分解者

分解者主要指具有分解能力的细菌和真菌等微生物,也包括某些以有机碎屑为食的小型动物（如蜈蚣、虾、土壤线虫等）,属于异养生物。分解者的作用在于将生产者和消费者的残体分解为简单的无机物质。转变者也是细菌,它是将分解后的无机物转变为可供植物吸收利用的养分。所以,还原者对于生态系统的物质循环,具有非常重要的作用。分解者是生态系统的"清洁工"。如果没有分解者,死亡的有机体就会堆积起来,使营养物质不能在生物和非生物之间进行循环,最终使生态系统成为无水之源。生态系统分解者的数量十分惊人,1万平方米农田中细菌的数量可达18kg。所以分解者起到物质循环、能量流动、净化环境的重要作用。在研究生态系统时,我们千万不要忘记这些"无名英雄"。

植物是基础,是一切生物食物的来源,没有生产者,一切消费者就会饿死;而没有分解者,物质循环也会中止,其后果也不堪设想;动物是名副其实的消费者,它们不会进行初级生产,只会消耗现成的有机物,没有它们,似乎生态系统仍然能够存在,但从长远看,没有动物,植物同样难以持久生存。如许多植物要靠昆虫传粉或其他动物传播种子,如果没有动物啃食,草原也会由于植物生长过盛而导致衰亡。大自然就是如此微妙,物种与物种之间、生物与环境之间互相作用、互相依存,在漫长的进化过程中，逐渐形成了统一的整体。这个整体就是由环境、生产者、消费者和分解者共同组成的、不断进行物质循环、能量循环及信息传递的生态系统。

（4）非生物部分

无生命物质也称为非生物成分，是生态系统中生物赖以生存的物质和能量的源泉及活动场所，可分为：原料部分，主要是阳光、O、CO、HO、无机盐及非生命的有机物；媒质部分，指水、土壤、空气等；基质，指岩石、砂、泥。

非生物成分在生态系统中的作用，一方面生产者是为各种生物提供必要的生存环境，另一方面是为各种生物提供必要的营养元素，是生态系统正常运转的物质和能量基础。大部分自然生态系统都具有上述四个组成成分。一个独立发生功能的生态系统至少应包括非生物环境、生产者和还原者三个组成部分。

（三）生态系统的结构

生态系统中各个组成部分之间绝不是毫无关系的堆积，它们是有一定结构的。生态系统的结构包括两个方面的含义：一是组成成分及其营养关系；二是各种生物的空间配置（分布）状态。具体地说，生态系统的结构包括形态结构（物种结构和空间结构）和营养结构。

1.生态系统的形态结构

生态系统的生物种类、种群数量、种的空间配置（水平分布、垂直分布）和时间变化等，构成了生态系统的形态结构。

（1）物种结构是指在生态系统中各类物种在数量上的分布特征。生态系统中组成成分之间存在一定的数量关系，如排列组合关系、数量比例关系等。例如，森林生态系统乔木、灌木和草本植物都有不同的数量和比例关系，单一树种的单纯林、多树种的混交林和无乔木的灌木林的结构与功能肯定不同。

（2）空间结构是指生物群落的空间格局状况。水平结构指在水平分布上，林缘和林内的植物、动物的分布也明显不同。垂直结构指不同生物占据不同的空间，它们在空间分布上有明显的分层现象，例如：在森林生态系统中，乔木占据上层空间，灌木占据下层空间；鸟类在林冠上层，兽类在林地上；在森林中栖息的各种动物，也都有其各自相对的空间分布位置。

形态结构的另一种表现是时间变化。同一生态系统，在不同的时期或不同季节，存在着有规律的时间变化。如随着时间的变化，森林在幼年、中年及老年期的结构是有变化的。又如，一年四季中森林的结构也有波动，春季发芽，夏季鲜花遍野，秋季硕果累累，冬季白雪覆盖，昆虫和鸟类迁移，气象万千。不仅在不同季节有着不同的季相变化，就是昼夜之间，其形态也会产生明显的差异。

2. 生态系统的营养结构

生态系统各组成部分之间建立起来的营养关系，构成了生态系统的营养结构。营养结构是生态系统能量流动、物质循环的基础。

生产者可向消费者和分解者分别提供营养，消费者也可向分解者提供营养，分解者又可把营养物质输送给环境，由环境再供给生产者。这既是物质在生态系统中的循环过程，也是生态系统营养结构的表现形式。不同生态系统的成分不同，其营养结构的具体表现形式也会不同。

二、生态系统的功能

生态系统的功能主要有生物生产、能量流动、物质循环和信息传递四种。生态系统的功能就是通过食物链（网）来实现的。

（一）食物链（网）和营养级

1. 食物链（网）

食物链是指各种生物以食物为联系建立起来的链条，或生态系统中的生物通过吃与被吃关系构成的一条链条。谚语："螳螂捕蝉，黄雀在后""大鱼吃小鱼，小鱼吃虾米，虾米吃泥巴"，都包含了食物链的意思。食物链一般可分为下述三种类型。

（1）捕食性食物链

捕食性食物链以生产者为基础，其构成形式为：植物—小动物—大动物。后者可以捕食前者（弱肉强食）。如在陆地上，麦—麦蚜—肉食性瓢虫—食虫小鸟—猛禽；在草原上，青草—野兔—狐狸—狼；在湖泊中，藻类—甲壳类—小鱼—大鱼。

（2）腐生性食物链

腐生性食物链以腐烂的动植物尸体为基础。腐烂的动植物残体被土壤或水中微生物或小型动物分解，在这种食物链中，分解者起主要作用，故也称分解链。如枯枝落叶—虾—线虫类—节肢动物；动植物残体—霉菌—跳虫—肉食性壁蚤—腐败菌。

两链紧密相连，共同维持着生态系统的平衡，自然生态系统中以分解链占优势，如果二者之一中断，都会给生态系统带来影响。除此之外，还有寄生、碎食性食物链。

（3）寄生性食物链

寄生性食物链以大的、活的动植物为基础，再寄生以寄生生物，前者为后者的寄主。这是食物链中一种特殊的类型。如哺乳类或鸟类—跳蚤—鼠疫细菌。

食物链在各个生态系统中都不是固定不变的。动物个体的不同发育阶段，其食性也会改变，某些动物在不同季节，食性也会不同。此外，自然界食物条件的改变都会改变食物链，因此，食物链具有短暂性。食物链上某一环节的变化，往往会引起整个食物链的变化，甚至影响生态系统的结构。此外，生态系统中各种生物的食物关系往往是很复杂的，各种食物链互相交织，形成一个复杂的网状结构——食物网。生态系统的功能（能量流动，物质的循环和转化）就是通过食物链或食物网进行的。

2. 营养级

营养级是指生物在食物链之中所占的位置。在生态系统的食物网中，凡是以相同的方式获取相同性质食物的植物类群和动物类群可分别称作一个营养级。在食物网中从生产者植物起到顶部肉食动物止。即在食物链上凡属同一级环节上的所有生物种就是一个营养级。

生产者都处于食物链的起点，共同构成第一营养级。所有以生产者（主要是绿色植物）为食的动物都处于第二营养级，即食草动物营养级。第三营养级包括所有以植食动物为食的食肉动物。依此类推，还会有第四营养级和第五营养级。

由于能量通过各营养级流动时会大幅度减少，下一营养级所能接收的能量只有上一营养级同化量的 10% ~ 20%，所以食物链不可能太长，生态系统中的营养级也不会太长，一般只有四级、五级，很少有超过六级的。

一般来说，营养级的位置越高，归属于这个营养级的生物种类、数量和能量就越少，当某个营养级的生物种类、数量和能量少到一定程度，就不可能再维持另一个营养级的存在了。

从生产者算起，经过相同级数获得食物的生物称为同营养级生物，但是在群落或生态系统内其食物链的关系是复杂的。除生产者和限定食性的部分食植性动物外，其他生物大多数或多或少地属于两个以上的营养级，同时它们的营养级也常随年龄和条件而变化。例如：宽鳍同时以昆虫和藻类为食；香鱼随着其生长，从次级消费者变为初级消费者：在苗种阶段为动物食性，随着个体发育而转为植物食性兼杂食性。仔鱼摄食枝角类和烧足类及其他小型甲壳类，一直持续到溯河洄游，在游进河川行程中，摄食器官发生演变，摄食逐步改为低等藻类。

（二）生态系统的功能

生态系统的功能主要有能量流动、物质循环和信息传递三种。

1. 生态系统的能量流动

生态系统的能量流动是指能量通过食物网在系统内的传递和耗散过程。能量流动是生态系统的主要功能之一。没有能量流动就没有生命，就没有生态系统。能量是生态系统的动力，是一切生命活动的基础。

生态系统中的全部生命活动所需要的能量均来自太阳。绿色植物通过光合作用吸收和固定太阳能，将太阳能变为化学能，这一方面满足自身生命活动的需要，另一方面供给异养生物生命活动所需要的能量。太阳能进入生态系统，并作为化学能，沿着生态系统中生产者、消费者、分解者流动，在生态系统中的流动和转化是遵循热力学定律进行的，即服从于热力学第一定律（能量守恒）、第二定律（单向流）和十分之一法则（能量损耗规律）。

由此可见，生态系统中能量流动有两个特点，一是能量流动沿生产者和各级消费者顺序逐步被减少；二是能量流动是单一方向，不可逆的。

能量在流动过程中，一部分用于维持新陈代谢活动和呼吸作用而被消耗（损耗），一部分构成各级生物有机体和组织而被固定，一部分在各营养级残体、排泄物分解时被还原释放。由此可知，在生态系统中能量传递效率是较低的，能量愈流愈细。一般来说，能量沿绿色植物向草食动物再向肉食动物逐级流动，通常后者获得的能量大约只为前者所含能量的10%，即1/10，故称为"十分之一法则"。这种能量的逐级递减是生态系统中能量流动的一个显著特点。

2. 生态系统的物质循环

生态系统中，生物为了生存不仅需要能量，而且也需要物质，没有物质满足有机体的生长发育需要，生命就会停止。与能量流动不同，物质在生态系统中的流动则构成一个循环的通道，称为物质循环。有了物质循环运动，资源才能更新，生命才能维持，系统才能发展。例如：生物呼吸要消耗大量氧气，而空气中的氧气含量并无大的改变；动物每天要排泄大量粪便，动植物死亡的残体也要留在地面，然而经过漫长的岁月后，这些粪便、残体并未堆积如山。这正是由于生态系统存在着永续不断的物质循环，人类才有良好的生存环境。

物质循环是具有全球性的，生物群落和无机环境中的物质可以反复利用、周而复始进行循环，不会消失。生物有机体需要的化学元素有40多种，其中的氧（O）、氢（H）、碳（C）、氮（N）为基本元素，占生物体全部原生质的97%，它们与钙（Ca）、镁（Mg）、磷（P）、钾（K）、硫（S）、钠（Na）等被称为大量元素，生物需要量较大；因此这些物质的循环是生态系统基本的物质循环。铜（Cu）、锌（Zn）、硼（B）、锰（Mn）、钼（Mo）、钴（Co）、铁（Fe）等被称为微量元素，这些元素在生命过程中需要量虽小，但也不可缺少，一旦缺少，动植物就不能生长，反之微量元素过多也会造成危害。它们在生态系统中也构成各自的循环。而与环境保护问题关系较密切的主要有水、碳、氮、硫循环。

（1）水循环

水由 H 和 O 组成，是生命的主要来源，一切生物体组成的成分中大部分是水，体内进行的一切生物化学变化也离不开水。另一方面，水又是生态系统中能量流动和物质循环的介质，对调节气候、净化环境也起着十分重要的作用。

水循环是在太阳能驱动下，水从一种形式转变为另一种形式，并在气流（风）和海流的推动下在生物圈内的循环。形成水循环的内因是通常环境条件下，水的三态易于转化；外因是太阳辐射和重力作用。

森林在水循环中具有巨大作用，是最好的调节者。森林中树木庞大的根系为"自动抽水机"，一刻不停地从地下吸收水分，然后通过叶子蒸腾到空中。森林通过广大的叶片蒸腾的水分比同一纬度相同面积的海洋所蒸发的水分还要多 50%，因此森林上空的空气湿度高，温度低，又由于林冠能截流降雨，使降水强度大大减弱，可减少水土流失。

人类活动不断地改变着自然环境，越来越强烈地影响着水循环过程。人类构建水库，开凿运河、渠道、河网，以及大量开发利用地下水等，改变了水的原来径流路线，引起水分布和水运动状况的变化。农业的发展，森林的破坏，引起蒸发、径流、下渗等过程的变化。人类生产和消费活动排除的污染物通过不同途径进入水循环，导致水体受到污染，降水酸化，严重影响水的循环，也通过水的流动交换而迁移，造成更大范围的污染。

（2）碳循环

碳存在于生物有机体和无机环境中，也是构成生物体的主要元素之一，约占生物物质的 25%，没有碳就没有生命；在无机环境中主要以 CO_2 和碳酸盐形式存在，绿色植物在碳循环中发挥重要作用。

碳循环的三条循环途径：

一是生物有机体与大气之间的碳循环。绿色植物从空气中获得二氧化碳，经光合作用转化为葡萄糖，在综合成为植物体内的碳水化合物，经过食物链传递，最终经过动植物呼吸及分解者作用以 CO_2 形式重新返回大气，大气中二氧化碳这样循环一次约需 20 年。

二是大气和海洋之间的二氧化碳交换。二氧化碳可由大气进入海水，也可由海水进入大气。这种交换发生在气和水的界面处，由于风和波浪的作用而加强。这两个方向流动的二氧化碳大致相等。大气中二氧化碳量增多或减少，海洋吸收的二氧化碳量也随之增多或减少。

三是碳质岩石的形成和分解。大气中的二氧化碳溶解于雨水和地下水中称为碳酸。碳酸能把石灰岩变为可溶性的酸式碳酸盐，并被河流输送到海洋中，逐渐转变为碳酸盐沉积海底，形成新岩石，或被水生生物吸收以贝壳和骨骼形式移到陆地。在化学和物理作用下，这些岩石被破坏，所含碳又以二氧化碳的释放入大气中。火山爆发、森林大火等自然现象也会使地层中的碳变成二氧化碳回到大气中。

人类燃烧矿物燃料以获得能量时，向大气中输入了大量的二氧化碳；而森林面积的不断缩小，大气中被植物利用的二氧化碳量越来越少，结果造成大气中二氧化碳浓度有了显著增加，引起"温室效应"。

（3）氮循环

氮也是生物体的必需元素，构成各种氨基酸和蛋白质，而且它还是大气的主要成分之一，占大气总体积的79%，因此在许多环境问题中有重要作用。氮气是一种惰性气体，其分子内的键能相当高，绝大多数植物或动物不能直接利用。

大气中氮气进入生物体的途径主要有三种：

（1）生物固氮。主要靠一些具有固氮酶的特殊微生物类群来完成。如苜蓿、大豆等豆科植物的根瘤菌、固氮细菌、藻类（蓝藻、绿藻）等，可把空气中的氮固定成硝酸盐（或铵盐）。

（2）工业固氮。氢和氮在600℃高温条件下，再加上催化剂即可合成氨，氨可直接利用，也可进一步用来生产其他化肥，如尿素、硝酸铵等氮肥，供植物利用。由于农业对化肥的需要日益增加，使固氮工业不断发展，至今生物圈内全部固氮量中，大约有1/3是工业固氮的产物。

（3）高能固氮。闪电、宇宙射线、火山爆发等作用等造成的高温和光化学作用将大气中的氮气转化为氨或硝酸盐，其中第一种能使大气中氮气直接进入生物有机体，其他则以氮肥形式或随雨水间接进入生物有机体。

这些生成的氨以及大气中降落的氨类化合物在微生物的硝化作用下，最终变为硝酸盐。硝酸盐很容易被植物根系吸收，进入植物体内的氮化合物与碳氢化合物结合成氨基酸→蛋白质→动物蛋白质，经过动物的新陈代谢作用，一部分蛋白质为氨、尿酸尿素等排入土壤，或动物尸体经微生物分解→氨盐或硝酸盐→土壤→一部分为植物利用，另一部分反硝化细菌作用生成氮气。

自然界的氮循环似乎是很严密的、始终保持平衡的，其实不然。由于人类活动的影响，矿物燃料燃烧时，空气中和燃料中的氮在高温下与氧反应生成氮氧化物，造成光化学烟雾污染和酸雨；工业固氮量很大，使氮循环被破坏，被固定的氮超过返回大气的氮，这些停留在地表的氮进入江、河或沿海水域，造成地表水体出现富营养化（赤潮）；农田大量使用氮肥，氮被固定后，不能以相应量返回大气，形成 N_2O 进入大气圈，N_2O 是一种惰性气体，在大气中可存留数年之久，它进入平流层后，可与臭氧发生反应，破坏臭氧层，给人体健康带来危害。

（4）硫循环

硫也是构成氨基酸和蛋白质的基本成分，它以硫键的形式把蛋白质分子连接起来，对蛋白质的构型起重要作用。硫循环兼有沉积型循环和气体型循环双重特性。SO_2 和 H_2S 是硫循环的重要组成部分，属气体型；硫酸盐被长期束缚在有机或无机沉积物中，释放非常缓慢，属于沉积型。

大气中的 SO_2 主要来自含硫矿物的冶炼、化石燃料的燃烧以及动植物及其残体的燃烧；H_2S 主要来自火山活动、沼泽、稻田、潮滩中有机物的缺氧分解，进入大气的 H_2S 也可以很快转化为 $SO_2 \rightarrow SO_3 \rightarrow H_2SO_4$。大气中的 SO_2 和 H_2S 经雨水的淋洗，形成硫酸或硫酸盐，进入土壤，土壤中的硫酸盐一部分供植物直接吸收利用，进入生物体，沿食物链传递。动植物残体经微生物分解，又形成硫酸盐。另一部分则沉积海底，形成岩石，岩石风化进入土壤或大气。

人类对硫循环的干扰，主要是化石燃料的燃烧。空气中的 S 很少，但由于人类燃烧含硫矿物燃料和柴草，冶炼含硫矿石，释放出大量的 SO_2。硫进入大气，不仅对生物和人体健康带来直接危害（SO_2 达到一定浓度时许多植物的叶组织会死亡，SO_2 也是人类健康的大敌），而且还会形成酸雨，使地表水和土壤酸化，对生物和人类的生存造成更大的威胁。

（5）磷循环

磷是生物体的重要营养成分，主要以磷酸盐（PO_4^{3-} 和 HPO_4^{2-}）的形式存在。磷是携带遗传信息 DNA 的组成元素，是动物骨骼、牙齿和贝壳的重要组成部分。磷一般有岩石态和溶盐两种存在形态。磷循环都是来源于岩石的风化，终于水中的沉积。

磷全部来自于岩石的风化—破碎—进入土壤—植物—动物—残体分解—被释放出来，回到土壤或海洋中，构成一个循环封闭系统。但陆地生态系统的磷有一部分随水流进入了湖泊和海洋,浮游植物—浮游动物—食腐者,死亡的动植物体沉入水底,其体内的磷大部分以钙盐形式长期沉积下来,离开了循环,所以磷循环是不完全的循环。由海洋到陆地的循环的一个途径是通过某些食鱼鸟(鹈鹕)等,摄取海洋生物中的磷,它们的排泄物在特殊的地点形成鸟粪磷矿,是高质量的商品磷肥,但与大规模的由陆地向海洋迁移相比,这种反向循环在数量上是很微小的。

商品经济发展后,不断地把农作物和农牧产品运入城市,城市垃圾和人畜排泄物往往不能返回农田,而是排入河道,输往海洋。这样农田中磷含量便逐渐减少。为补偿磷的损失,必须向农田施加磷肥。在大量使用含磷洗涤剂后,城市生活污水含有较多的磷,某些工业废水也含有丰富的磷,这些废水排入河流、湖泊或海湾,使水中含磷量增高,这是湖泊发生富营养化和海湾出现赤潮的主要原因。

总之,生态系统的物质循环规律告诉我们,要想维护生态系统的相对稳定,保持动态平衡,最基本的一条就是"你从生态系统中拿走的物质,还应在适当时机归还给它,生态系统既不是一个只入不出的剥削者,也绝不是一个慷慨的施主。"人们必须和生态系统保持等量交换的原则。如果某些元素长期入不敷出,势必引起生态系统的退化,甚至瓦解,输入有害物质太多,则污染环境会更加严重。

(三)生态系统中的信息联系

当今时代是信息时代,信息是现实世界物质客体间相互联系的形式,在沟通生物群落内各种生物种群之间关系、生物种群和环境之间关系方面,生态系统的信息联系起着重要作用。生态系统中的信息联系形式主要有营养信息、化学信息、物理信息和行为信息。

1.营养信息

营养信息是生态系统中以食物链和食物网为代表的一种信息联系。通过营养交换把信息从一个种群传到另一个种群。以草本植物—鼠类—鹤—猫头鹰组成的食物链为例,可表示为:当鹤数量较多时,猫头鹰大量捕食鹤,鼠类很少受害;当鹤数量较少时,猫头鹰转而大量捕食鼠类。这样通过猫头鹰捕捉鼠类的轻与重,向鼠类传递了鹤多少的信息。再如在草原上羊与草这两个生物种群之间,当羊多时,草就相对少了;草少了反过来又使羊减少。因此,从草的多少可以得到羊的饲料是否丰富的信息,以及羊群数量的信息。

2.化学信息

在生态系统中,有些生物在特定的条件下,或某个生长发育阶段,分泌出某些特殊的化学物质（如性激素、生长素等化学物质），这些分泌物对生物不是提供营养，而是在生物个体或种群之间起着某种信息的传递作用。如蚂蚁爬行留下的化学痕迹，是为了让其他蚂蚁跟随；许多哺乳动物（虎、狗、猫等）通过尿液来标识自己的行踪和活动领域；许多动物的雌性个体释放体外性激素招引种内雄性个体等。化学信息对集群生物整体性的维持具有重要作用。

3. 物理信息

物理信息指通过声音、颜色、光等物理现象传递的信息。如鸟鸣、虫叫、兽吼都可以传递安全、惊慌、恐吓、警告、求偶、寻食等各种信息，花、蘑菇等的颜色可以传递毒性等信息。

4. 行为信息

行为信息指动物可以通过自己的各种行为向同伴们发出识别、威吓、求偶和挑战等信息。如燕子在求偶时，雄燕会围绕雌燕在空中做出特殊的飞行形式；丹顶鹤求偶时，会双双起舞等；蜜蜂用蜂舞来表示蜜源的远近和方向。尽管现代的科学水平对这些自然界的"对话"之谜尚未完全解开，但这些信息对种群和生态系统调节产生的重要意义，是完全可以肯定的。

生态系统正是通过能流、物流和信息流的传递，使生物和非生物成分相互依赖、相互制约、环环相扣、相生相克形成网络状复杂的有机统一体，从而使生态系统具一定适应性和相对稳定性。如果生态系统能流、物流和信息流传递中任一个环节出了问题，生态系统的稳定性就要受到影响。

第三节　生态平衡

一、生态平衡的概念及特点

（一）生态平衡的概念

在一定时间内，生态系统中生物与环境之间，生物各种群之间，通过能流、物流、信息流的传递，达到了互相适应、协调和统一的状态，处于动态的平衡之中，这种动态平衡称为生态平衡。也就是说生态平衡应包括四方面：

（1）阶段性。指生态系统发展到成熟阶段，这时生态系统中所有的生活空间都被各种生物占据，环境资源被最合理、最有效的利用，生物彼此间协调生存；且在较长时间内保持相对平衡。

（2）稳定性。系统内的物种数量和种群相对平稳，有完整的营养结构和典型的食物链关系。

（3）平衡性。能量和物质的输入和输出平衡。

（4）动态性。生态系统的结构与功能经常处于动态的变化中，动态变化表现为生态系统中的生物个体总是在不断地出生和死亡，物质和能量不断地从无机环境进入生物群落，又不断地从生物群落返回到无机环境中；生态系统有抗干扰自恢复能力和抗污染自净化能力。

（二）生态平衡的特点

生态平衡的特点可总结为以下两点。

1.生态平衡是一种动态平衡

表现在能量流动和物质循环总在不间断地进行着，生物个体也在不断地更新，它的各项指标，如生产量、生物的种类和数量，都不是固定在某一水平上，而是在某个范围内不断变化着。动态性同时还表现生态系统具有自我调节和维持平衡状态的能力。当生态系统的某一部分发生改变而引起不平衡时，系统依靠自我调节能力，使其进入新的平衡状态。例如：在森林生态系统中，植食性昆虫多了，林木会受到危害，但这是暂时的，由于昆虫的增多，鸟类因食物丰富而增多。这样一来，昆虫的数量就会受到鸟类的抑制，林木的生长就会恢复正常。

生态系统的能量流动和物质循环以多种渠道进行着，如果某一渠道受阻，其他渠道就会发挥补偿作用。对污染物的入侵，生态系统表现出一定的自净能力，也是系统调节的结果。生态系统的结构越复杂，能量流和物质循环的途径越多，其调节能力或者抵抗外力影响的能力就越强。例如，若草原生态系统中只有青草—野兔—狼构成简单食物链，那么一旦由于某种原因野兔数量减少，狼就会因食物减少而减少。若野兔消失，则草疯长，系统崩溃；若还有山羊、鹿等其他草食动物，兔子少了，狼可以捕杀其他草食动物，使野兔得以恢复，系统可以继续维持平衡。结构越简单，生态系统维持平衡的能力就越弱。农田和果园生态系统是脆弱生态系统的例子。生态系统的调节能力再强，也有一定限度，超出了这个限度也就是生态学上所称的阈值，调节就不起作用，生态平衡仍会遭到破坏。

2.生态平衡是相对的、暂时的，不是绝对的

一旦外界因素的干扰超过这种"自我调节"能力时，调节即不起作用，生态平衡就会遭到破坏。例如，砍伐森林一定要和抚育更新相结合，才能维持森林生态环境的平衡；反之，就会破坏生态平衡，不仅森林质量下降，林中的动物难以生存，土壤中的微生物种类也会改变，而且还会影响森林生态系统的功能，造成地表裸露、水土流失、洪水成灾等。在自然界有些生态系统虽然已处于生态平衡状态，但它的净生产量很低，不能满足人类需要，这对人类来说并不总是有利的。因此，为了人类生存和发展，就要改造这种不符合人类要求的生态系统，建立半人工生态系统或人工生态系统。例如，与某些低产自然原始林生态系统相比，人工林生态系统是很不稳定的，它们的平衡需要人类来维持，但却能比某种低质低产的原始林提供更多的林产品。应该指出的是，生态平衡不只是某一个系统的稳定与平衡，而是意味着多种生态系统的配合、协调和平衡，甚至是指全球各种生态系统的稳定、协调和平衡。

二、生态平衡的破坏

当今社会，随着生产力和科学技术的飞速发展，人口急剧增加，人类的需求不断增长，人类活动引起自然界更加深刻的变化，造成巨大冲击，使自然生态平衡遭到严重破坏。自然生态失调已成为全球性问题，直接威胁到人类的生存和发展。生态平衡遭破坏的因素有自然因素和人为因素两种。

（一）自然因素

自然因素主要指自然界发生的异常变化，如火山爆发、山崩海啸、水旱灾害、台风、流行病等，常常在短期内导致生态系统破坏或毁灭。例如，秘鲁海面每隔六七年就会发生一次海洋变异现象，结果使一种来自寒流系的鱼大量死亡。大量鱼群死亡，使吃鱼的海鸟失去了食物，造成海鸟的大批死亡。海鸟大批死亡，鸟粪锐减。当地农民又以鸟粪为主要农田肥料，由于肥料减少，农业生产受到极大损失。

（二）人为因素

人为因素主要是指人类有意识地改造"自然"的行动和无意识造成对生态系统的破坏。

1.物种改变造成生态平衡的破坏

人类在改造自然的过程中，有意或无意地使生态系统中某一物种消失或盲目向某一地区引进某一生物，结果造成整个生态系统的破坏。例如：澳大利亚的兔子危机；

蝗虫的大量繁殖会使农田生态系统受到破坏；植被的破坏（黄土高原在历史上曾是草丰林茂、沃野千里的绿洲，由于历代屯垦、毁草弃牧、毁林从耕，植被遭到严重破坏，造成了大量的水土流失和生态失调，成为今天一个十分贫瘠的地带）。总之，人类大量取用生物圈中的各种资源，包括生物的和非生物的，都将严重破坏生态平衡。

2. 环境因子改变导致生态平衡的破坏

工农业生产的迅速发展，有意或无意地使大量污染物进入环境，从而改变了生态系统的环境因素，影响整个生态系统，甚至破坏生态平衡。例如，化学和金属冶炼工业的发展，向大气中排放大量 SO_2、CO_2、氮氧化物（NO_x）及烟尘等有害物质，产生酸雨，危害森林生态系统，欧洲有 50% 的森林受到它的危害。又如由于制冷业发展，制冷剂进入大气，造成臭氧层破坏。由于向大气中排放污染物气体 CO_2、甲烷（CH_4）等，造成温室效应。含有氮磷等营养物质的污水进入水体后，由于营养成分的增加，水中藻类会迅速繁殖。大量藻类的出现，又会使水中的溶解氧大量消耗，水中鱼类等动物就会因缺氧而死亡。所有这些环境因素的改变都会造成生态系统的平衡改变，甚至破坏生态平衡。总之，人类向生物圈中超量输入的产品和废物，严重污染和毒害了生物圈的物理环境和生物组分，包括人类自己，化肥、杀虫剂、除草剂、工业三废和城市三废是其代表。

3. 信息系统改变引起生态平衡破坏

生态系统信息通道堵塞，信息传递受阻，就会引起生态系统改变，破坏生态平衡。例如，某些昆虫的雌性个体能分泌性激素以引诱雄虫交配。如果人类排放到环境中的污染物与这些性激素发生化学反应，使性激素失去引诱雄虫的作用，昆虫的繁殖就会受到影响，种群数量就会减少，甚至消失。

生态平衡失调的初期往往不易被人们察觉，如果一旦发展到出现生态危机或生态失调，就很难在短期内恢复平衡。因此人类活动除了要讲究经济效益和社会效益外，还必须要特别注意生态效益和生态后果，以便在改造自然的同时能基本保持生物圈的稳定和平衡，保持生态系统这一人类生存和发展基础的稳定。

生态平衡的破坏往往是出自人类过分地向自然索取，或对生态系统的复杂机理知之甚少而贸然采取行动。近年来，有些生态学家提出了许多正确见解，并把它提高到规律和定律的高度。例如，我国生态学家马世骏提出的生态五定律，即：相互制约和相互依存的互生规律；相互补偿和相互协调的共生规律；物质循环转化的再生规律；相互适应和选择的协同进化规律；物质输入与输出的平衡规律。

三、改善生态平衡的主要对策

由于生态系统和生态平衡的破坏主要发生在生产活动中，所以改善生态平衡也只能在生产实践中，通过正确利用生物资源的再生与互相制约特点，妥善处理局部与全局的关系来实现，主要有以下几个方面的对策。

（1）森林方面的对策。保护好现存各种森林资源，营造好用材林、经济林、薪炭林、防风林、固沙林、水土保持林，合理采伐各种树木。通过上述工作，保护好森林这个绿色水库和最重要的动植物资源库。

（2）草原方面的对策。停止开垦草原；认真区划草原功能，通过建立饲料基地、建设人工草场、在宜牧草场合理放牧等措施防治草场退化；提倡生物防治鼠、虫、病害，减少甚至避免草原污染。

（3）水域方面的对策。逐步退耕还林、退居还水，慎重而科学地建设水库等水利设施，加强疏浚清淤，合理开发水产与水域养殖，严格控制污染物排放。

（4）农田方面的对策。科学管理农田水肥，防止自然性病害；推行用地养地的耕作制度，改善物质循环，避免掠夺地力；提倡生物防治鼠、虫、病害，保证食品安全。

第四节　生态学在环境保护中的应用

当今生态学和生态平衡规律已经成为指导人类生产实践的普遍原则。要解决世界五大环境问题（即人口、粮食、能源、自然资源和环境保护），必须以生态学理论为指导，并按生态学客观规律办事。对环境问题的认识和处理，也必须运用生态学的理论和观点来分析，环境质量的保持与改善以及生态平衡的恢复和再建，都要依靠人们对于生态系统的结构和功能的了解及生态学原理在环保工作中的应用。

一、全面考察人类活动对环境的影响

处于一定时空范围内的生态系统，都有其特定的能流和物流规律，只有顺从并利用这些自然规律来改造自然，人们才能持续地获得丰富而又合乎要求的资源来发展生产并保持洁净、优美和宁静的生活环境。可惜的是，过去人类改造自然的活动

往往只求获得某项成功，而不管是否违反生态学规律，以致造成了一系列不利于发展生产又影响社会生活的后果。人们总结过去的经验教训，深知必须利用生态系统的整体观念，充分考察各项活动对环境可能产生的影响，并决定对该活动应采取的对策，以防患于未然。

生态学的一个中心思想是整体和全局的概念，不仅考虑现在，而且还要考虑将来；不仅考虑本地区，还要考虑有关的其他地区。也就是说，要在时间和空间上全面考虑，统筹兼顾。按照生态学的原则，我们对生态系统采取任何一项措施时，该措施的性质和强度不应超过生态系统的忍耐极限或调节复原的弹性范围，否则就会导致生态平衡的破坏，引起不利的环境后果。

这里应该指出，保持生态平衡绝不能被误解为不允许触动它，或不许改造自然界，而永远保持其原始状态。由于人口越来越多，为了满足生活上的要求，也越需要发展生产，因而对自然界不触动是根本不可能的。必须强调的是：每一个生态系统对外力都有一个忍耐限度，人类对环境所施加的压力不能超过这个限度，否则就会引起生态平衡的破坏，结果不仅自然环境和自然资源遭到摧残，生产也同样不可能继续进行。

二、充分利用生态系统的调节能力

（一）生态系统的调节能力

前面在论述生态系统的基本性质及特征时，曾经讲到生态系统具有不同水平的、比较复杂的调节能力。这就是指当生态系统的生产者、消费者和分解者在不断进行能量流动和物质循环过程中，受到自然因素或人类活动的影响时，系统具有保持其自身相对稳定的能力。也就是说，当系统内一部分出现了问题或发生机能异常时，能够通过其余部分的调节而得到解决或恢复正常。结构复杂的生态系统能比较容易地保持稳定，结构简单的生态系统，其内部的这种调节能力就较差。

在环境污染的防治中，这种调节能力又称为生态系统的自净能力。被污染的生态系统依靠其本身的自净能力，可以恢复原状。我们应该尽量有目的地、广泛地利用这种自净能力来治理环境的污染。

（二）生态系统自净能力的应用实例

关于生态系统自净能力在环境保护中的应用，在国内外都已开展了大量的工作，并取得了很好的成绩。例如，水体自净、植树造林、土地处理系统等，都已收到明显的经济效益和环境效益。这里着重介绍土地处理系统的应用情况。

1. 土地处理系统

一般土壤及其中微生物和植物根系对污染物的综合净化能力，可以利用来处理城市污水和一些工业废水。同时，普通污水或废水中的水分和肥分也可以利用来促进农作物、牧草或林木的生长并使其增加产量。凡能达到上述目的的工程设施，即称为土地处理系统。它由污水或废水的预处理设施、储水湖、灌溉系统、地下排水系统等组成。

在该系统中，污水或一些废水经过一级处理或生物氧化塘、或二级处理后，进入沉淀塘和储存湖，再结合具体的需要和土地系统的特性（结构与功能），采用地表漫流、灌溉或渗滤等方式排入土地系统，进行最终的处理。此法可代替污水或一些废水的二级或三级处理，而克服正规的污水二级处理或深度处理（即三级处理）工程基本建设和维修运行费用很高的缺点。因此，很容易推广应用。特别是在处理中、小城市的污水时，更能显出其优越性。

2. 土地处理系统的净化机制

进入土地处理系统的污染物质，是依靠土地系统的调节能力进行净化的。不同的污染物质，在土地系统中的净化机理或过程各有差异，但概括来讲，主要是通过下述作用去除污染物的：

（1）植物根系的吸收、转化、降解与合成等作用；

（2）土地中真菌、细菌等微生物的降解、转化及生物固定化等作用；

（3）土壤中有机和无机胶体的物理化学吸附、络合和沉淀等作用；

（4）土壤的离子交换作用；

（5）土壤的机械截留过滤作用；

（6）土壤的气体扩散或蒸发作用。

例如，当氧气充足时，土壤中需氧微生物活跃：在其氧化降解过程中，能捕食病原菌和病毒。一般在地表 1cm 厚的土壤层中，可去除病原菌和病毒达 92%~97%，而当污水经过 1m 至几米厚的土壤过滤后，则可除去全部的病菌与病毒。污水中的 BOD 大部分可在 10～15cm 厚的表层土中去除；而磷在 0.3～0.6m 厚的上层土壤中几乎可以被全部去除。

3. 土地处理系统的净化效果

设计和运行良好的土地处理系统，就不同的处理方式的去除效率取决于施用负荷、土壤、作物、气候、设计目的和运行条件等许多因素。但是，只要进入土地系统的污染物质的数量及种类，不超出该土地系统所能忍受的限度，则该系统的自我调节能力，就可完全将污染物质除去，使系统恢复原状而实现保护环境的目的。

三、解决近代城市中的环境问题

城市人口集中，工业发达，是文化和交通的中心，在国家的各个方面都占有重要的地位。但是，城市又存在众多的问题，目前每个城市的居民都普遍感到住房、交通、能源、资源、污染、人口等方面的尖锐矛盾。虽然在某些发达国家中，经过几十年的努力，水污染和大气污染情况有所改善，可是其他矛盾并未得到完全解决。这不仅是对城市居民的潜在威胁，而且还给国家的经济发展和环境保护，带来不容忽视的影响。因此近几年来，许多发达国家（如美国、日本等）都在寻找保护环境和减少污染的根本途径。其中一些生态学家或环境学家提出了编制生态规划和进行城市生态系统研究的设想。

（一）编制生态规划

生态规划又称环境规划。它是指在编制国家或地区的发展规划时，不是单纯考虑经济因素，而是把它与地球物理因素、生态因素和社会因素等密切结合在一起进行考虑，使国家和地区的发展能顺应环境条件，不致使当地的生态平衡遭受重大破坏。

地球物理因素（或称地球物理系统），包括大地构造运动、气象情况、水资源、空气的扩散作用等；生态因素（或生态系统）是指绿地现状，包括植被覆盖率、生物种类、食物情况等；社会经济因素（或社会经济系统），包括工农业活动、消费水平和方式、公民福利以及城市发展或城市活动等。它们都是人类环境的重要因素。

（二）进行城市生态系统研究

许多环境科学家认为，充分利用生态学原则和系统论的方法，根据各种自然因素和人为的社会因素所构成的社会生态系统复合体来研究城市，也就是把城市作为一个特殊的、人工的生态系统进行研究，才能解决城市的环境问题。

四、综合利用资源和能源

以往的工农业生产大多是单一的过程，既没有考虑与自然界物质循环系统的相互关系，又往往在资源和能源的耗用方面，片面强调单纯的产品最优化问题。因此，在生产过程中几乎都有大量环境容纳不了、甚至带有毒性的废弃物排出，以致造成环境的严重污染与破坏。例如，传统的发电厂工艺过程，一般都力求电力生产的最优化而忽视余热以及排气中二氧化硫、烟尘中稀有元素和贵重金属等的充分利用和回收。这也是今天火力发电厂之所以产生大气污染的重要缘故。至于农业废弃物，在我国和其他一些第三世界国家，基本上都用作农村的燃料。从表面看来这似乎没有什么浪费，而实际上通过燃烧只能利用庄稼废弃物所固定的太阳能量的10%，其余的90%都散失掉。同时由于燃烧会使这些废弃物中有机和无机的营养不能得到充分利用，因而破坏了原来生态系统的物质循环，长此下去就有可能使土壤贫瘠，招致作物减产。

解决这个问题较理想的办法是，运用生态系统的物质循环原理，建立闭路循环工艺，实现资源和能源的综合利用，以杜绝产生浪费与无谓的损耗。所谓闭路循环工艺，就是要求把两个以上的流程组合成一个闭路体系，使一个过程中产生的废料或副产品成为另一过程的原料，从而使废弃物减少到生态系统的自净能力限度以内。

五、在环境保护其他方面的应用

（一）阐明污染物质在环境中的迁移转化规律

污染物质进入环境后，不是静止不变的，不但水流能把污染物质从受污染的地区携带到未受污染的地区，而且植物（或水生生物）也能从土壤（或水）中吸收残留物，然后转移到整个植物体内。动物食取这些植物时，也接受了这些污染物质，这就是说，随着生态系统的物质循环和食物链的复杂生态过程，污染物质不断迁移、转化、积累和富集。

例如，DDT是一种脂溶性农药，它在水中和脂肪中的溶解度分别为0.002mg/L和100g/L，两者相差5000万倍。因此，DDT极易通过植物茎叶或果实表面的蜡质层而进入植物体内，特别容易被脂肪含量高的豆科和花生类植物所吸收，也极容易在动物和人体内积累和富集。大家知道北极的爱斯基摩人从未用过DDT，但在他们体内却检出了DDT。这说明DDT已经迁移到了北极。有的人体中每公斤脂肪含有DDT300mg；每公斤牛奶的DDT含量为0.0035mg，这些DDT就是在生态系统的物质循环中，通过不同的途径进入牛奶和人体并在人体中富集的。

通过污染物质在生态系统中迁移和转化规律的研究，我们可以弄清污染物质对环境危害的范围、途径和程度（或者后果）。

（二）环境质量的生物监测和生物评价

环境质量的监测手段，在目前主要是化学监测和仪器监测。其优点是速度快，对单因子监测的准确率高。但也存在两个弱点：一是有些仪器还不能连续进行测定，往往一年只能取几个、几十个样品，用这些数据来代表全年的环境质量状况，有时是不合理的。因为污染物质进入环境的种类和数量在全年中变化很大，这些样品有时很难反映环境污染的真实情况；二是化学监测和仪器监测只能测定某一污染物质的污染状况，而实际环境中往往都是多种污染物质造成的综合污染，不同污染物质在同一环境中相互作用，有可能会出现洁抗和相加或相乘的协同现象。因此，用单因子污染的效果反映多因子综合污染的状况，也往往会产生一定的差错。

对于生物监测，它在某种程度上恰恰弥补了上述不足。所谓生物监测，就是利用生物对环境中污染物质的反应，也就是用生物在污染环境下所发生的信息，来判断环境污染状况的一种手段。由于生物长时间生活在环境中，经受着环境各种物质的影响和侵害，因此它们不仅可以反映出环境中各种物质的综合影响，而且也能反映出环境污染的历史状况。这种反映比化学和仪器监测更能接近实际。

目前，国内外已广泛利用生物对环境尤其是对大气和水体进行监测和评价。

1. 利用植物对大气污染进行监测和评价

许多植物对于工业排放的有毒物质十分敏感，当大气受到有毒物质污染时，它们就产生了"症状"而输出某种信息。据此，就可以判断污染物质的种类并进行定性分析，还可以根据受害的轻重和受害的面积大小，判断污染的程度而进行定量分析。此外，还可以根据叶片中污染物质的含量、叶片解剖构造的变化、生理机能的改变、叶片和新稍生长量、年轮等，鉴定大气的污染程度。研究表明，菠菜、胡萝卜等可监测二氧化硫；杏、桃、葡萄等可监测氟化氢；番茄可监测臭氧；棉花可监测乙烯。

2. 利用水生生物监测和评价水体污染

采用的方法很多，主要有下述两种：

（1）污水生物体系法。这是比较普遍采用的方法。由于各种生物对污染的忍耐力不同，在污染程度不一的水体中，就会出现不同的生物种群而构成不同的生物体系。因此，根据各个水域中生物体系的组成，可以判断水体的污染程度。

（2）指示种法。即利用某种生物在水中数量的多少和生理反应等生物学特性，来判断该水域受污染的程度。此处用于指示水体污染的生物，称为指示种或指示生物。例如，美国对伊利湖污染的调查，就是利用湖中指示生物颠蜵的数量作为指标，进行湖水质量评价的。此外，还可根据水生生物的生理指标和毒理指标，某些水生动物的形态和习性的改变、生物体内有毒物质的含量等，对水体的污染进行监测和评价。

（三）为环境标准的制定提供依据

为了切实有效地加强环境保护工作，对已经污染的环境进行治理，并且对尚未污染的环境加强保护，就必须制定国家和地区的环境标准。

环境标准的制定，又必须以环境容量为主要依据。环境容量指的是环境对污染物的最大允许量（或负荷量），也就是保证人体健康和维护生态系统平衡的环境质量所允许的最大污染物浓度。为了确定允许的污染物浓度，要求综合研究污染物浓度与人体健康和生态系统关系的资料，并进行定量的相关分析。

第三章 现代全球性环境问题

全球性环境问题越来越威胁到全人类的生存，要解决全球性环境问题就必须建立国际环境合作机制，各国携起手来共同为全球性环境问题的解决做出应有的贡献。

第一节 人口与环境

一、人口迁移对环境影响的作用机制

根据 IPAT 模型、适度人口理论和可持续发展理论可知，人口作为经济发展和环境保护中的重要因素，对城市生态环境具有较为复杂和重要的影响。目前大规模的城乡人口迁移是我国快速城市化进程中最为显著变化之一，已经成为人口变化的主导因素。但迁移人口受自身因素和外界因素的影响与本地人口存在显著差异，这些差异会通过关联作用对城市生态环境产生影响，因此基于上述理论基础，从总量和差异性出发，对由此导致的城市内人口数量改变、人口质量改变以及人口消费模式改变进行定性分析，进而明确人口迁移对城市生态环境影响的作用机制。

（一）人口数量增加对城市生态环境的影响

人口的生产和消费活动是连接资源与环境的纽带，只有适度的人口数量才能平衡资源与环境之间的关系，保证经济持续健康发展。因此在环境承载能力有限的条件下，人口数量的变动会直接或间接地改变对资源的占用水平和利用效率，进而对城市生态环境产生重要影响。

1.人口数量增加会加剧人口与资源稀缺之间的矛盾

城市的人口容量在一定时期内是有限且固定不变的，大量的迁移人口增加了城市人口密度，直接导致了对本地人口生存空间和资源占用水平的挤压，为满足大量人口的生活、生产需求进而导致城市范围的扩张，挤占原郊区耕地、生态用地等，导致土地利用不合理。城市内人口集聚度增高，不仅会促使城市扩张，而且还会增加对各类资源需求、相应基础设施建设以及垃圾处理强度等，进而增加城市的发展成本。

2. 人口集聚效应会在一定程度上改善资源的利用效率

人口作为发展的关键要素，人口的集聚也刺激了技术的进步和消费结构的升级，有利于改善城市生态环境。人口集聚不仅改变了因人口居住分散产生的产业布局单一、资源利用率较低、环境污染严重和管理困难等问题，降低了环境成本，提高了资源综合利用能力，促进环境污染的治理和循环经济的发展；而且还会在一定程度上降低地区的资源闲置率，为其经济发展提供劳动要素，促使能源资源得到合理的配置和利用。此外，还会优化用水结构，提高用水效率和水资源的管理水平，促进城市产业升级和技术水平提高，提高城市基础设施利用率，又一定程度上减缓了能源消耗量，并且人口迁移为更多的人提供了更容易获得清洁燃料的途径，进而加快了城市地区的能源结构向更高比例清洁燃料的转换进程。

（二）人口素质变动对城市生态环境的影响

人口素质体现了人类认识世界、改造世界的能力，人口素质的高低直接决定了对资源的选择能力和利用能力，特别是人口的文化素质，因此人口素质对环境的影响十分重要。我国城市内的迁移人口绝大部分来自农村，整体而言受教育水平不高，以初中学历为主，大学及以上学历者较少，相对于本地人口而言素质较低。因此，城市内本地人口和迁移人口在素质上的差异会通过其消费选择、环保意识等对城市生态环境产生不同影响。

其一，人口文化素质高低会从整体上影响人们对资源、环境、发展之间关系的认识。素质较低的人口往往只关注眼前的利益，环境保护意识不强，并且环境危机感意识较弱，为了满足短期的发展需求对资源环境进行掠夺性开发、过度利用资源和低效率的使用资源等，最后造成严重的环境污染和资源破坏。而素质较高的人口会长远考虑，能深刻认识到环境问题对人类发展的重要性，环保意识相对较高，对环境问题较为敏感，注重生活垃圾的分类回收、循环利用等，参加宣传和保护环境的活动，有利于减少对环境压力和损失。

其二，不同素质水平人口在选择消费层次、结构和方式上存在较大差异，进而会对环境产生不相同的影响。高素质人口的消费层次较高，消费结构和方式较为合理，对绿色产品的识别能力强，偏好于绿色消费。高素质人口在追求更高的消费层次中，逐渐倾向于精神消费，但迁移人口受多种原因的限制更倾向于物质消费，而物质消费相对于精神消费而言，具有较大的资源损耗，对生态环境造成的不利影响较大。

由于素质较低的人口对资源的使用和选择能力有限，在生活和生产资料的选择上更依赖于易得性和廉价性的资源，这类资源一般具有较大的污染排放，而且对资源的利用程度往往不充分，会导致资源的浪费，增加物质循环的周期，增加环境压力。另外，素质较低的人口对单一资源的依赖性较强，大量的、不节制地使用会导致该类资源的使用强度超过其承载能力，造成资源枯竭。

其三，人口素质会影响对科学技术的了解和使用情况，特别是和环境保护相关的技术。较高素质的人口能够通过较多的渠道，较快地掌握相关的环境科学技术，并能将其很好地运用到实际生活中，对降低环境污染起到很好的促进作用，而素质较低的人口往往对科学技术的发展关注度不高，且关注渠道有限，对技术的了解和使用较为落后，不利于环境改善。

（三）人口消费模式变动对城市生态环境的影响

随着经济水平不断提高，消费活动作为人口对环境作用过程中的重要变量，对环境的影响作用越来越显著，而不同的消费水平、消费结构对资源的占用不同，因此产生的环境效应也不尽相同。迁移人口不仅增加了城市消费总量，同时也因为收入水平、户籍等方面的限制与本地人口在消费模式方面存在显著差异，因而会产生不同的环境影响结果。

1. 从消费总量来看

迁移人口增加了城市内消费总量，进而增加了对资源的使用量，特别是对满足生存需求的水资源、能源资源、土地资源等的占用量，在一定程度上增加了城市资源环境的压力和对强污染排放资源的使用量。

另外，随着资源消费总量的增加，相应的污染排放量也不断增加，包括污水排放、生活垃圾产生、大气污染物排放等。

2. 从消费结构来看

收入水平是影响消费结构的重要因素，收入越高，消费结构越复杂，越容易实现较为合理的消费结构，反之亦然。相对于本地人口而言，迁移人口受自身原因及外部原因的限制，收入水平相对较低，消费能力有限，消费结构就相对较为简单。

我国学者罗能生和张梦迪（2017）为便于研究居民消费结构对环境的影响，把生活中8项主要的消费项划分为三类：生存型消费（食品、衣着、居住）、享受型消费（家庭设备及服务、医疗保健、交通和通信）和发展型消费（文教娱乐用品），由此来看我国大部分迁移人口仍处于生存型消费阶段，消费支出以满足基本生活需求为主，该消费类型虽然会直接或间接地增加对自然资源的占用，但产生的环境污染相对较低。而城市本地人口的消费结构基本已越过生存型消费阶段转向享受型消费，该消费阶段对工业产品的需求量增加，特别是汽车、空调等耐用消费品。虽然我国第二产业处于结构优化升级阶段，但部分产业仍处于相对粗放的增长阶段，存在过度依赖自然资源、能源开采严重且利用效率较低、对清洁能源使用占比较低等问题，因此随着对第二产业产品需求量的增加，产生的环境污染效应也不断增加。就耐用消费品本身而言，也会通过直接或间接的方式增加能源消费量和污染排放量。

另外，由于我国独特的户籍制度，目前在城市内生活的人口主要分为两类：一类是具有城市户口的居民，另一类是不具有城市户口的居民。迁移人口基本是不具有城市户口的居民，由于户籍差异，一方面使迁移人口和本地人口在使用城市能源基础设施，享受社会福利和其他城市服务方面存在差异，另一方面还影响了迁移人口对未来的预期，加剧了不确定性心理，因此促使其增加预防性储蓄，进而影响迁移人口的消费水平、结构以及对城市生态环境的影响效应。

二、人口与环境协调发展对策

（一）大力发展教育

加大教育投入，扩大人才投资主体。人口、经济与资源、环境的协调发展对教育和人才的发展提出了更高、更迫切的要求。今后应该在继续加大政府对教育的投资力度的同时，尽快建立政府、社会、企业和个人四位一体的人才投资模式，以拓宽人才投资资金的筹集渠道，充分发挥每一个投资主体的积极性，提高人才投资的整体功能和综合效益。利用政策导向，优化人才结构。

第一，加大对落后地区的帮助力度，缩小人力资本的空间差异，提高全民人口文化素质。第二，更加注重农村的教育发展及人才培养，加速建立面向农民的知识、技术传授及培训机构，缩小人口文化素质的城乡差异。第三，大力发展职业教育及技工培养。技术型人才短缺成为目前社会经济发展的重要制约因素，要以市场为导向，在注重教学质量的同时，扩大各级各类职业教育的办学规模，为社会发展服务。第四，重视对关键学科及关键领域的高级专家及技术人才的培养。应该特别重视对资源、环境开发保护领域的人才培养、人才引进工作，加大资源、环境领域的科研投资力度。

（二）优化人口结构

加快城市化发展，优化人口的城乡结构。与农村相比，城市更有利于促进区域可持续发展。城市以规模经济的形式，实现了资源的集约利用，提高了对资源、环境的利用效率；有利于对资源、环境进行综合、高效治理；有利于减轻人口对自然资源的过度依赖。

因此，推进城市化的进程同样是优化城乡人口结构，促进人口与环境更加协调发展的过程。加快城市化进程，促进人口的城乡结构转变，首先，应优化城市布局，促进大中小城市协调发展；其次，增大投资，加强基础设施建设。

应转变观念，实现城市化建设资金来源的多元化，本着"谁投资、谁收益"的原则，积极鼓励民营资本投资城市基础设施建设。最后，大力推进农村产业化与城市化进程。在农村发展、壮大农产品加工等传统产业，在此基础上积极招商引资，培育促进农村经济发展新增长点，加快完善土地的有偿使用政策，实现土地的快速流转，促进农村城市化发展。

加快产业升级，优化人口的产业结构。首先，应加快二、三产业的发展，加快工业化进程，在产业结构升级中，改进生产技术，提高资源利用效率，及时淘汰资源消耗多、环境污染严重的落后产业；加强与外界的交流与合作，整合资源优势，因地制宜，实现产业合理布局。其次，加大对环保产业的扶持力度。抓紧制定和完善环保产业发展的环境标准，治理环保产业市场的混乱，杜绝不正当的竞争，反对地方保护主义；严格控制环保产品的生产与经营，抓紧发展环境信息咨询和技术服务产业；加大环保投资的力度，促进环保产品生产和环境污染治理的技术研发。

（三）统筹人口布局

依托科学规划，促进人口空间合理分布。应根据区域环境要素特征、敏感性及生态服务功能的空间分布特点，科学地进行生态功能区划，用于指导自然资源合理开发、生态环境保护及产业合理布局。

根据人居环境适宜性、资源环境承载力与社会经济发展水平，统筹考虑现有开发密度与人口发展潜力，进行不同类型的人口发展功能分区，对于引导人口有序流动与合理分布、促进人口与资源环境协调发展具有重要意义。实现城乡协调发展，统筹城乡人口布局。

应该树立"城乡并重，以城带乡，以乡促城，城乡结合，优势互补，共同发展"的新理念，积极推动城乡一体化发展，充分发挥城乡规划的作用来引导区域城乡人口合理流动和分布。通过统筹建设城乡基础设施、统筹城乡资源环境保护和建设等"硬件统筹"和建立城乡统一社会保障体制，统筹发展社会事业等"软件统筹"来缩小城乡差距，促进城乡人口的和谐分布。

加大政府对农村的政策支持和投资力度，积极推进新农村建设。加快城乡二元户籍制度革新，促进城乡人口流动，分类引导农村人口向城镇转移。长期存在的城乡二元户籍制度，严格限制了农村人口向城镇的迁移与转变。

因此，应加快对城乡二元户籍制度的改革，打破"农业"与"非农业"人口的界限，解除在计划体制下附着在户籍制度上的各方面的障碍，消除因户籍关系不同而造成的待遇差别，使城乡居民在发展机会面前人人平等。逐步规范户口类型，实行以居住地划分农村人口和城镇人口，以职业划分农业人口和非农业人口的人口政策；降低城镇人口的准入门槛，鼓励农村人口和外来人口进城工作和定居，鼓励有相对固定住所、有合法收入或稳定收入来源的农村人口办理城镇常住户口，成为城镇居民，纳入城镇社保范围。

（四）完善生态与环境保护机制

加快自然资源开发利用、生态保护和环境建设的市场化建设，实现资源的有偿使用和排污权合理交易。转变政府管理职能，尽可能采用合理的经济手段进行干预。要建立具有权威性的自然资源产权和排污权管理的行政机构，同时对资源、环境的所有权实行企业级管理和经营，建立自主经营、自负盈亏、自我积累、自我发展的经营机制，将资源利用和环境保护产业推向市场。

建立绿色财税机制，实现绿色资本积累。革新现有财税机制，将环境与可持续发展方面的财政独立出来，通过制定合理的税收和确定不同部门设立税费的权限，寻找影响各部门和投资主体积极性的税费因子，积累绿色资本。加强地方环保立法，制定严格、更具有操作性的地方环境法规和行政规章，建立和完善符合区域实际情况的地方环境标准体系。

改进和强化环境影响评估制度。环境影响评估制度对于环境保护具有重要作用，然而目前不管是我国的环境影响评估立法还是评估的实际执行都存在不完善之处。对于社会经济发展中的项目建设，特别是各级政府的重大决策及重大项目建设，必须实行环境论证，并增加信息的透明度和社会的参与力度、监督力度。

第二节　能源与环境

一、中国能源消费现状

（一）中国能源消费总体现状

我国是能源消费大国，能源作为经济发展的主要生产投入要素之一是经济发展中不可或缺的物质资源。能源安全问题是影响经济可持续发展的重要因素，随着经济的迅速发展，能源生产与消耗量也大幅度增加。能源供需问题使我国愈加依赖能源进口满足经济发展产生的大量能源需求。近年来，我国的能源生产与消费总量在不断地提高。国内生产总值不断增长，能源消费总量随着经济增长规模的扩大而增加。

同时，能源消耗总量与能源供给总量之间的差额也不断扩大。国内能源需求的扩大对能源供给提出了严峻的挑战，能源供需矛盾逐渐显现。提高能源使用效率，改善能源消费结构对实现我国经济可持续发展具有重要意义。

我国能源消费总量持续攀升，但近些年来能源消费增长速度维持在较低水平。

2003-2005 年为实现经济快速发展，加快工业化发展能源消耗量增速最快。2008—2009 年，考虑到金融危机对国内经济的冲击，能源增长速度出现较低值后又出现反弹。自 2012 年后，我国经济发展对能源依赖程度逐渐减弱，能源消费增长速度减缓，这说明一方面我国转变以能源等物质要素投入的粗放型经济发展模式，加快培育发展新兴产业及高新技术产业，淘汰低产能，坚持走可持续发展道路。其次，经济增速放缓，经济增长幅度减少对能源需求量。

近年来，我国能源强度不断下降，技术进步是促进能源效率提高降低能源强度的最主要因素，在经济发展过程中我国技术发展对降低能源强度发挥了巨大作用。与世界其他国家尤其是发达国家相比，我国能源强度仍处于较高水平。采用汇率法统计，2017 年我国能源强度是世界平均水平的 1.8 倍，分别是美国的 2.5 倍、欧盟的 3.3 倍、日本的 4.3 倍，差距很大。若采用购买力平价法，我国的能源强度也是世界平均和美国的 1.3 倍，是欧盟和日本的 1.7 倍。我国能源消耗强度高的原因主要有两点：技术水平和能源结构。与发达国家相比，我国技术发展水平处于弱势，高新技术创新能力不足，技术提高能源使用效率的程度有限。

其次，第二产业中的工业、建筑业等产业部门产出多依赖能源投入，机械设备更新换代速度慢，单位产品能源消耗大。第二产业在产业结构中的占比较大，所以我国能源强度相比发达国家仍处于较高水平。我国为降低能源强度实现高质量发展亟须调整产业结构，改变粗放型经济发展方式，提高科学技术创新能力。

我国能源强度逐年下降，但经济增长对能源生产与消费的需求不断扩大，能源生产与消耗量却逐年攀升。能源强度下降带来的节约的能量源可能抵消经济增长产生的新增能源需求。这说明中国确实存在能源回弹现象，对于能源回弹程度及其变动情况仍需进一步研究。

（二）中国能源消费结构现状

1. 总体能源消费结构现状

能源消费结构对一国能源发展战略有重大影响。我国是煤炭资源比较丰富的国家，过度依赖煤炭导致能源效率低下和环境污染问题难以改善，增加石油在消费结构中的占比，增大能源进口，增加对国际能源依存度，能源安全问题难以保障。

1996—2018 年，煤炭和石油仍然是我国主要消费能源，煤炭在能源消费中的占比一直在 60%~80% 波动，近些年有下降的趋势，但仍占能源消费结构的 50% 以上。石油在我国能源消费结构中的占比较为稳定，保持在 20% 左右。天然气与清洁能源的占比最小但有逐渐上升的趋势，到 2018 年达到 15% 左右。总的来看，我国能源消费结构在不断优化，但仍以煤炭为主，天然气以及核能、水电、风电及太阳能等清洁能源占比偏低。

世界能源消费结构中石油占比最大，查阅相关文献，《2019—2024 年中可再生能源产业市场前瞻与投资战略规划分析报告》显示，2017 年石油、天然气、煤炭消费占比分别为 34%、23%、28%。清洁能源发展迅速，从 1977 的 7% 提高到 15%，这说明促进技术进步有效开发和利用清洁能源，优化能源消费结构已是大势所趋。

我国能源消费结构由以煤炭为主的单一结构正在向以煤炭、石油、天然气、清洁能源等多元化能源消费结构转化，说明了我国能源消费结构在不断优化，也体现了我国经济发展方式从粗放型向节约型方向的转变。

2. 区域能源消费现状

我国地域辽阔，区域经济发展水平不平衡，产业结构及区域发展定位不同，能源利用情况也有明显差异。技术进步对能源效率及经济刺激的影响程度不同，为了方便研究我国能源使用效率及能源回弹的区域特点，在此按照传统地理区域的划分方式，将我国划分为东中西部三大区域分析能源回弹效应的区域差异。

对比分析东中西部能源利用效率，发现东部能源强度最低，其次是中部，能源强度最高是西部地区。且东部地区能源利用效率远高于全国水平，西部地区低于全国水平。这说明，我国能源使用效率区域差异较大。东部地区属经济发达地区，区位优势突出，资源配置规模大及流动性强，现代化水平程度高，技术进步促进能源有效利用程度较高，单位产值所需能耗较小。

《中国绿色经济发展报告2018》中指出，东部沿海地区绿色发展优势明显，浙江、广东和江苏东部城市绿色发展综合得分名列前三，且绿色发展综合得分呈东南向西递减的态势。这也是东部地区能源强度最低的重要表现。

此外，东部地区多以服务业带动区域经济发展，产业结构调整作用明显，能源强度远高于全国水平。西部地区相比与东中部地区来说，新型产业规模较小，科技创新能力不足，技术进步促进能源有效利用的程度较低。

区域发展水平的差异导致东中西部能耗存在差异。东部地区能源消耗强度最低，但能源消耗总量最大。一般来说，提高能源效率能有效减少能源消费，达到节约能源消耗的目的。但东部地区随着能源效率的提高，能源消耗总量不降反而逐年攀升。东中西部地区存在能源回弹的现象，能源效率提高对经济增长的影响幅度是导致东中西部地区能源回弹差异的主要因素。

能源使用效率提高降低单位产值能耗，在同等产出情况下能源消费量减少，节约部分能源。能源效率提高伴随广义技术进步引起经济规模扩大，对能源产生新的需求。能源回弹效应围绕新增能源消耗与潜在能源节约量之间的关系进行分析，即经济增长幅度与能源强度降低程度的比较。在此基于技术进步探讨能源回弹效应，当技术进步并无对经济增长产生促进作用，显然不会因经济规模扩大产生新的能源需求。当能源使用效率相对于基年降低导致单位产出减少，也并无能源节约量可言。此时得出的回弹效应值并不符合能源回弹定义。

高能源消耗不一定意味着高回弹。在能源使用效率与能源消耗总量都高的情况下，经济增长幅度对能源消耗有显著影响。能源回弹是受高能效促进能源节约程度和经济增长引发能源需求增长幅度的双重影响。高能耗可能引发高新增，但同时要考虑能效产生的节能效果。

3.行业能源消费结构现状

不同行业对能源需求存在差异，高耗能行业规模影响整体能源消耗总量。

根据中国统计年鉴对行业部门的分类标准，粗略将我国国民经济中的行业分为：农林牧渔业、工业、建筑业、交通运输仓储和邮政业、批发零售住宿餐饮业、生活消费及其他行业。参考 2018 年我国能源消费行业结构,分析不同行业能耗现状。

从能源消费行业结构来看,2018 年工业能源消费占比最高达到 67%,其次是生活消费为 12% 和交通运输仓储与邮政业为 9%,其余行业占比都在 5% 及其以下。

根据国家统计局发布《国民经济行业分类》中六大高耗能部门都属于工业制造业。在 2018 年工业分行业能源终端消费总量中,六大高耗能部门占比 43%,由此可见,高耗能部门消耗了全国能源消费总量的一半以上。

居民生活用能总量主要表现在生活用电、私家车出行以及家庭炊事燃料等方面。生活用能量较大,在能源消费行业中占比仅次于工业部门。交通运输仓储与邮政占比排名第三主要是与运输方式与运输工具有密切关系。我国主要交通运输方式是以陆路运输和海路运输为主,汽车、火车及船舶会消耗大量的汽油柴油、电力或其他能源。但随着科技发展,交通运输方式的转变,交通运输部门对能源的消耗也会较少。

各部门能源消耗占能源消耗总量的比重差异较大,技术进步对各部门能源效率有不同程度的影响作用,在能源价格不变情况下,能源节约量与新增能源消耗量存在异质性,影响各部门能源回弹效应程度。

二、中国能源消费存在的问题

(一)能源利用效率低

我国技术进步在一定程度上降低了能源消耗强度,能源使用效率逐年提高。但如果按照百万美元的能耗标准与世界比较的话,仍比世界平均水平高 3 倍,比日本高 9 倍,比 OECD 国家高 4 倍。一个国经济发展状况、能源资源条件、技术进步及产业结构都是影响能源使用效率的因素。

其中,技术进步和产业结构是最主要因素。我国高污染高耗能产业仍在产业结构中占比较高,发展较快。单位产品能耗仍然比国际水平高 25%~60%,产业结构调整需要一个过程。重视提高能效的关键技术、核心技术的改进,加快耗能设备的更新升级,加快能源发展的科学化转型。

(二)能源资源总量不足

我国能源资源总量占世界总能源资源的 10% 左右,由于人口基数大,人均能源占有量却远低于世界平均水平。我国作为世界煤炭消费总量第一大国,经济发展主要依赖物质资本及能源等要素投入,随着经济发展经济规模扩大对能源的需求仍逐年增加。根据《中国能源发展报告(2018)》,2018 年全年能源消费总量 46.4 亿吨标煤,同比增 3.3%，增速创 5 年来新高。

此外，当前能源供需矛盾逐渐显现，假如增加使用量，资源肯定不足。目前，我国已探明的煤炭型储量，按现有规模以及开采速度，煤炭只能维持 30 年，石油只够开采不足 15 年，天然气剩余储量只够开采不足 30 年。合理利用现有能源资源，提高能源使用效率，且加快新能源的开发利用，是当务之急。

（三）能源消费结构不合理

我国是世界上煤炭消费总量第一大国，煤炭仍在我国能源消费结构中占比超过 50%，是我国的主要消耗能源，天然气等清洁能源占比较低。与世界能源消费结构中石油、天然气、煤炭消费占比均衡的情况相比，中国能源消费结构仍待优化。

根据《中国能源发展报告（2018）》，2018 年天煤炭消费量增长 1.0%，原油消费量增长 6.5%，天然气消费量增长 17.7%，电力消费量增长 8.5%。天然气、水电、核电、风电等清洁能源消费量占能源消费总量的 22.1%，同比提高了 1.3 个百分点。这说明我国能源消费正以煤炭为主的单一结构，向煤炭、天然气、石油、清洁能源等多元化消费结构转变。这也与我国近些年重视优化能源消费结构，提高清洁能源的开发与利用水平，出台降低碳排放的政策条例密切相关。

（四）能源消费引起的环境污染严重

能源的过度消费引起的严重环境污染已成为全球重点关注的问题。中国能源消耗总量位居世界前列，尤其是煤炭作为我国的主要消费能源，造成了严重的煤烟型环境污染。煤炭等化石燃料的燃烧，排放二氧化硫、烟尘等污染物造成严重的大气污染，将近 2/3 城市的空气质量达不到二级标准，影响人体健康。

排放大量的二氧化碳，加剧"温室效应"，我国二氧化碳排放量等能源消费造成的环境污染影响经济可持续发展。尽快遏制生态环境恶化状况，改善环境质量已成为可持续发展亟待解决的问题。

三、能源与环境协调发展对策

（一）节约循环高效利用资源

首先，发展中国家在资源利用方面应坚持节约优先方针，推动资源利用方式根本改变，全面提高资源利用效率。节约集约利用水、土地、矿产等资源，加强全过程管理，大幅降低资源消耗强度。

其次，结合各国发展的实际情况和自身特点，围绕工业、建筑、交通，农业、商业流通、公共机构等重点领域，发挥节能与减排的协同促进作用，全面推动重点领域节能减排，淘汰落后产能，采取一系列手段倒逼企业进行技术升级改造。中方已经开始开展重点用能单位节能低碳行动，以化工、电力、冶金、建材、造纸、化纤、农产品加工等行业为重点，加大了企业节能技术改造力度，重点实施锅炉窑炉改造、电机系统节能、能量系统优化、余热余压利用、节约和替代石油等节能改造工程。同时积极深入开展节约型公共机构示范单位创建工作。加强节水、节电、节油、节材等工作，推进绿色办公和绿色采购，构建绿色消费模式。公共机构新建建筑实行更加严格的建筑节能标准。

（二）加快能源结构调整

发展中国家在经历金融危机后，纷纷采取适合本国的调整能源结构、调整能源价格、加快国内能源勘探和开发等降低对石油依赖程度的措施。能源结构的调整使各国成功应对石油危机对国内经济社会发展的冲击，同时能源结构调整还有效降低了污染物的排放，提高同时期能源环境效益。各国未来经济社会快速发展过程中应继续加大能源结构调整力度，降低煤炭消费比例，提高天然气、可再生能源等的使用比例，加大可替代能源和清洁能源的使用力度，并且大力发展新型能源，从而降低能源消费量和二氧化碳排放量，以维持国家经济社会和能源环境协调发展，从根本上降低污染物排放，降低能源利用对环境的损害，保障能源环境安全。

第三节　资源与环境

一、资源与环境的内涵

资源的界定一般有狭义和广义之分。狭义上讲的资源仅指自然资源，而广义上讲的资源不仅包含自然资源，还有社会资源、人力资源、经济资源等各种资源。在此所讲的资源仅指狭义上的资源。

在自然界中的全部自然要素并且能被人类开发利用的即为自然资源。依照资源的稳定性和蕴藏量生成条件和机理，自然资源分为有限性和无限性。依照再循环和更新性等方面的差异，有限自然资源又分为两种类型：可再生性资源与不可再生性资源。可再生性资源包括：草原、森林、野生动植物、农作物、区域水资源、土壤等，其特点是可以通过生物生长或自然循环，持续进行自我更新。而不可再生资源包括一些能源矿物诸如煤、石油、天然气等，以及许多金属和非金属矿物等，这些资源的特点是无法进行自我更新或再生长，然而通过回收某些金属或非金属能够实现再循环。

依照资源储备状况，资源可分为资源禀赋、现有资源储备以及潜在资源储备三种情况。对于潜在资源储备来说，其价值与为获得资源而支付的价格有关，愿意支付的价格越高，表明拥有越大的潜在储备量。对于现有资源储备来说，是指已探明的可以获取利润的资源，其价值与目前的开采价格有关。对于资源禀赋来说，它指的是存在于地壳本身的自然资源，其数量多少和资源价格没有任何关系，仅表示地理学上的概念，不表示经济学上的概念，但是他直接决定了人类可获得的最大数量的自然资源。

环境指的是人类发展和生存所必需的空间，由被改造加工过的或者是天然的自然因素总和构成。

二、资源利用与环境保护

（一）土地资源利用与环境保护

1.土地资源开发利用存在的问题

（1）土地浪费严重

尽管有了土地管理法，但由于执法力量不足，特别是一些地方从局部眼前利益出发开发利用土地，致使滥用土地现象严重。许多基建项目用地不报请批准或先用后报、宽打宽用、少征多用、早征晚用、多征少用、甚至征而不用，可以用劣地、空地、荒地的占用良田现象普遍。1998年，中央电视台曾曝光三起严重违法滥占土地事件，并揭露了一些地区为了赶在国务院冻结建设用地无序扩张的规定之前抢征、虚征甚至弄虚作假，许多良田被占用。

（2）土地污染与破坏未得到有效控制

不合理的化肥和农药施用也会造成土壤污染，由于利用率低，大部分化肥、农药散失在土壤、水体和大气中，直接和间接地污染土壤，进而使动植物和各种农产品中有毒物大量积累，危害人畜健康，影响农产品进出口。近年来我国频繁发生水果、粮食、肉食出口因有害物质超标退货现象，造成了严重的损失。开采矿产不及时复垦，尾矿不合理堆积，也会破坏大量的土地。地下矿藏如煤炭，地下水等开采、会引起地面下沉或塌陷，此类现象屡见不鲜。

2.土地资源利用与环境保护对策

①加强对土地承载能力的研究，大力发展宣传土地生态教育，使各地区在土地可承载的范围内指定人口政策，实行计划生育，计划生育可以缓解土地资源与人口增长的矛盾。同时要全面提高全民的国土意识以及综合文化素质，让每个人都有合理利用土地资源、保护土地资源的意识。

②大力加强土地管理，保护好每一寸土地，严格控制非农业用地。要时刻按照《土地法》执法，严禁土地资源滥用，充分做好土地承载能力的研究，为土地的可持续发展做长远规划。同时还要建立健全土地使用管理制度，全面推进国土资源管理部门执法力度，加速国土资源管理部门职能转换，为土地合理利用提供更好更完善的程序保障。

（二）水资源利用与环境保护

1.水资源的特点

（1）水资源时空分布不均

我国水资源的时空分布很不均匀，与耕地、人口的地区分布也不相适应。我国南方地区耕地面积只占全国 35.9%，人口数占全国的 54.7%，但水资源总量占全国总量的 81%，而北方四区水资源总量只占全国总量的 14.4%，耕地面积却占全国的 58.3%。由于季风气候的强烈影响，我国降水和径流的年内分配很不均匀，年际变化大，少水年和多水年持续出现，旱涝灾害频繁，平均约每三年发生一次较严重的水旱灾害。

（2）我国水资源开发利用各地很不平衡

在南方多水地区，水的利用率较低，如长江只有 16%，珠江只有 15%，浙闽地区河流不到 4%，西南地区河流不到 1%。但在北方少水地区，地表水开发利用程度比较高，如海河流域利用率达到 67%，辽河流域达到 68%，淮河达到 73%，黄河为 39%，内陆河的开发利用达 32%。地下水的开发利用也是北方高于南方，目前海河平原浅层地下水利用率达 83%，黄河流域为 49%。

2.水资源利用与环境保护对策

（1）合理利用地下水

地下水是极其重要的水资源之一，其储量仅次于极地冰川，比河水、湖水和大气水分的总和还多。但由于其补给速度慢，过量开采将引起许多问题。在开发利用地下水资源时，应采取以下保护措施：

①加强地下水源勘察工作，掌握水文地质资料，全面规划，合理布局，统一考

虑地表水和地下水的综合利用，避免过量开采和滥用水源。

②采取人工补给的方法，但必须注意防止地下水的污染。

③建立监测网，随时了解地下水的动态和水质变化情况，以便及时采取防治措施。

（2）加强水资源管理

为加强水资源管理，制定合理利用水资源和防止污染的法规，改革用水经济政策。如提高水价、堵塞渗漏、加强保护等。提高民众的节水意识，减少用水浪费严重和效率低的状况。

（三）矿产资源利用与环境保护

随着人类社会不断向前发展，世界矿产资源消耗急剧增加，其中消耗最大的是能源矿物和金属矿物。由于矿产资源是不可再生的自然资源，其大量消耗必然会使人类面临资源逐渐减少以致枯竭的威胁，同时也带来一系列的环境污染问题。因此必须加倍珍惜、合理配置及高效益地开发利用矿产资源。

矿产资源是经济社会发展的重要物质基础。开发利用矿产资源是现代化建设的必然要求。我国对加快建设资源节约型社会、加强重要矿产资源地质勘查、实行合理开采和综合利用、建立健全资源开发有偿使用制度和补偿机制，提出了明确要求。国务院先后出台了一系列文件，从地质勘查、矿产开发、资源节约、循环经济、环境保护、土地管理、安全生产、境外资源开发利用以及煤炭工业发展等方面，对矿产资源开发利用工作做了全面部署。

第四节　全球环境变化

一、全球环境变化的现状

（一）气候变化状况

近年来，气候变化成为许多人研究的焦点。根据全球气候状况声明报告：气候变化主要体现在温度、降水、海洋温度、厄尔尼诺现象、冰冻圈以及温室气体六大方面。

1.温度

在 2015 年，长期上升的全球气温主要由人类排放的温室气体造成与正在进行中的厄尔尼诺现象的影响相结合，导致了创纪录的全球高温。2015 年全球平均近地表气温创下有史以来最高值，与世界平均气温有明显的差异。2015 年，全球平均温度比 1961—1990 年平均水平高 0.76±0.09℃，比 1850—1900 年时期高约 1℃。

2. 降水

典型年份降水的分布在区域和局地尺度呈现高差异性，极端降雨在一些情况下造成洪水和干旱，影响了世界上许多区域，以下关于区域极端事件的内容更详细地说明了极端降雨和相关的影响。经历了异常强降雨的区域包括：美国、墨西哥、秘鲁、智利北部、玻利维亚大部、巴拉圭、巴西南部和阿根廷北部、欧洲北部和东南部、中亚部分地区、中国东南部、巴基斯坦一些地区、阿富汗。另一方面，干旱的地区包括中美洲和加勒比地区、南美洲东北部、巴西、欧洲中部和南部的部分地区、东南亚部分地区、印尼和非洲南部。

3. 海洋

海洋上的大片区域都经历了显著的变暖。正如所预计的，厄尔尼诺期间热带太平洋比平均水平更加温暖，赤道太平洋中部和东部温度比平均水平高 1℃。太平洋中北部、印度洋大部、大西洋北部和南部的许多地区都有明显的高温。格陵兰南部和大西洋西南部偏远地区显著低于平均温度。南大洋（大致 60°S 以南）的其他区域的温度均低于平均水平。

4. 厄尔尼诺

热带太平洋表层水温度的变化与大气反馈相结合，造成了厄尔尼诺—南方涛动（ENSO）两个不同的阶段：厄尔尼诺和拉尼娜现象。在厄尔尼诺期间，东部热带太平洋的海面温度高于平均水平。这会导致盛行信风减弱或逆转，其作用会加强表面变暖。ENSO 是年度全球气候变化主导模态。厄尔尼诺现象会影响全球大气环流，改变世界各地的天气形态，并暂时升高全球气温。

5. 冰冻

在北半球，北极海冰范围的季节性周期高峰通常在 3 月出现，最低值通常在 9 月出现。20 世纪 70 年代末开始有连续的卫星记录后，季节周期内的海冰范围总体是下降的。2015 年的日最大范围为发生在 2 月 25 日，为 1454 万平方公里，是有记录以来最低值，比 1981 年至 2010 年平均值低 110 万平方公里，比 2011 年出现的上一次最低值低 13 万平方公里。9 月 11 日出现了最低的海冰范围，为 441 万平方公里，这是卫星记录中第四低的值。12 月 30 日，异常温暖的空气北移到极地地区。因此北极附近的一个浮标气象站日记录到了短暂出现的冰点以上的温度 0.7℃。

6. 温室气体

世界气象组织（WMO）全球大气监测网（GAW）对观测资料作的最新分析表明，二氧化碳、甲烷和一氧化二氮的全球平均摩尔分数在 2014 年创下新高。2014 年全球平均二氧化碳摩尔分数达到（397.7±0.1）ppm，为工业化前水平的 143%。2013—2014 年的年均增长为 L9ppm，接近过去 10 年的平均年均增长，比 20 世纪 90 年代的平均增长率（-L5ppm/ 年）更高。N0AA 的初步资料显示 2015 年二氧化碳持续以 3.01ppm/ 年的创纪录速度增长。2003 年至 2013 年的大气二氧化碳增长相当于人类排放二氧化碳的约 45%，其余部分被海洋和陆地生物圈移除。

（二）水资源变化状况

当今世界面临着人口、资源与环境三大问题，其中水资源是各种资源中不可替代的重要资源，水资源问题已成为举世瞩目的重要问题之一。地球表面约有 70% 以上面积为水所覆盖，其余约占地球表面 30% 的陆地也有水存在。世界上的总供水量为大约 13.8 亿立方千米，然而超过 96% 是盐水。在全部淡水中，超过 68% 的淡水被锁定在冰和冰川中。剩余 27.47% 淡水以地下水的形式存在，人类可以直接开发利用的仅占 2%，只有 2.53% 的水是供人类利用的淡水。

由于开发困难或技术经济的限制，到目前为止海水、深层地下水、冰雪固态淡水等难被直接利用。比较容易开发利用的，与人类生活生产关系最为密切的湖泊、河流和浅层地下淡水资源，只占淡水总储量的 0.34%，还不到全球水总量的万分之一。然而，江河湖泊仍然是每天人们用水的最主要来源，但随着经济的发展和人口的增加，世界用水量也在逐年增加，这便造成了世界性的水资源短缺问题。

目前，全球人均供水量比 1970 年减少了 1/3，这是因为在这期间地球上又增加了 18 亿人口。世界银行 1995 年的调查报告指出：占世界人口 40% 的 80 个国家正面临着水危机，发展中国家约有 10 亿人喝不到清洁的水，17 亿人没有良好的卫生设施，每年约有 2500 万人死于饮用不清洁的水。

目前，全世界有 1/6 的人口、10 多亿人缺水。联合国预计，到 2025 年，世界缺水人口将超过 25 亿，这意味着世界 1/3 多的人口会生活在缺水的地区，水危机已经严重制约了人类的可持续发展。

水资源地区分布极不平衡。世界水资源分布不合理，按地区分布：巴西俄罗斯、加拿大、中国、美国、印度尼西亚、印度、哥伦比亚和刚果 9 个国家的淡水资源占了世界淡水资源的 60%，约占世界人口总数 40% 的 80 个国家和地区严重缺水。我国的水资源南北分布也不平衡，占全国面积 1/3 的长江以南地区拥有全国 4/5 的水量，

而面积广大的北方地区只拥有不足 1/5 的水量，其中西北内陆的水资源量仅占全国的
4.6%。其次，水污染加剧了水资源的缺乏。世界性的淡水污染已成为一项重大公害。
目前，世界上已有 40% 的河流发生不同程度的污染，且有上升的趋势。

（三）核污染现状

在过去的半个世纪，人类遭受到高水平核辐射的危险急剧增加，近些年来，许多
使用过与未曾使用的以及一些具有很大潜在风险的放射性物质源日益涌现。1993—
2000 年世界范围内发生了 175 起核材料的非法交易，并且人类在日常生活中对放射
性材料的需求也逐渐增加，均说明现有的与潜在的核污染将与日俱增。

不论是面对核武器或是核电站泄漏事故，地球生态系统的自我修复能力已经被
大大削弱。核武器实验、反应堆事故以及核废料处置已经为整个世界留下了诸多问
题。在以上这些问题中，核辐射作为最主要的问题，会在许多方面影响整个地球的
环境。美国国家辐射防护和测量委员会对世界核污染的来源以及辐射源的占比进行
统计，使世界了解到核辐射问题的严重性。

世界上有许多不同类型的辐射，其中大部分核辐射暴露在人类日常生活之中。
电离辐射的影响取决于如下几个因素：辐射水平、暴露时间、辐射类型。低辐射可
能没有瞬时效应，然而，暴露在低剂量的辐射会增加人类患白血病和癌症的可能性。

虽然直接辐射事件如核爆炸与核反应堆熔毁影响范围相对有限，但具有污染性
的放射性粒子仍能够在空中旅行几千英里、在海里途径几个大洲引起健康风险。诸
如切尔诺贝利与福岛核反应堆的毁灭性的事故及其所附带的污染影响发生就将会持
续数十年，并随着时间的推移逐渐扩大其影响范围。

二、全球环境变化带来的安全威胁

（一）气候安全威胁

人类活动对全球环境造成的影响愈发严重，其中最明显的一点便是全球气候系
统的不断暖化。在此过程中，人类活动的方方面面均受此影响。从长远的角度来讲，
世界范围的气候变化已经不仅仅局限于环境问题。作为环境安全中的一个概念，气
候安全在安全主体和指代上，与环境安全具有一致性。然而气候安全与环境安全的
价值不同，源于二者受到的威胁来源不同。从国家层面来说，气候安全是一个国家
安全问题；而从社会层面来说，气候安全是一个人类可持续发展问题。综合来说，
气候变化既是国内政治问题，又是国际政治问题，因此必须在世界范围内给予关注。

按照联合国的标准，气候变化所产生的安全威胁被更为通俗地描述为威胁，旨在与政治产生更多的关联性。气候安全威胁涉及战争与和平、冲突、移民、经济繁荣与发展等方面，甚至关乎国家的安全与存亡，继而影响着整个人类。此外，联合国的报告中，也通常会更进一步，利用较为极端的表达，将气候安全威胁与人类文明灭绝相联系，以凸显气候安全威胁对世界所造成的重要影响。

按照国际知名的政府间机构 IPCC（Intergovernmental Panel on Climate Change）所出具的气候变化报告，气候威胁按照安全价值的角度来划分，基本分为资源、生态系统、国家经济、社会、军事政治五方面威胁。这五方面的威胁共同作用，将改变世界物种种类及数量；造成洪水、干旱、飓风等极恶劣天气；导致国家粮食作物减产，居民患心脏病人数增加；海平面上升等一系列严重后果，进而威胁到国家安全与可持续发展。

综上所述，气候安全代表着全世界共同享有的一个稳定的、宜居的气候系统，在此系统中，人类得以免于受到各类威胁。虽然气候安全威胁的影响是广泛的，但目前还主要是潜在的，其影响程度将随时间的推移而与日俱增，需要在国家安全的框架下加以统筹考虑，并须以国际合作的方式加以妥善维护。

（二）水资源安全威胁

关于气候变化所带来对水资源安全的威胁，已经成为国际上的重要研究方向。因为水资源问题与气候问题具有的相关性，同样影响着国家安全以及国际政治形势。气候变化将直接引发水资源危机，其主要表现为水环境遭到破坏与极端气候频发，继而造成国家内甚至国际间对水资源的加速争夺以及粮食危机，最终造成水环境移民在内的一系列政治、军事、文化冲突。

水资源安全是水安全的重要方面。它既通过国家水安全网（the Web of National Water Security）这一更广的概念性表述与人的安全、气候安全、能源安全、粮食安全等相关联而与总体国家安全形成交集，也通过跨界河流更直接的共享水源冲突相关联而与国际区域安全形成交集。展开来说，水资源安全实质是水资源供给能否满足合理的水资源需求，其范畴包括水质安全、水量安全和水生态环境安全。

造成国际间水资源安全威胁的主要原因有：国际水资源分布的不均衡性；经济发展与人口增长所产生对水资源的依赖性；国与国之间水资源所有权争端的历史性问题。因为地理因素所成各个国家与地区间水资源拥有量差异较大，此外，国与国之间水资源利用与开发效率也不尽相同，这将导致水资源丰富的国家忽视国际间水资源合作，甚至与水资源匮乏国家产生摩擦及冲突。

此外，随着世界更多国家的工业化进程加快，此过程中所造成对水资源的污染也会更加严重，而地球的可使用淡水资源却是有限的，可以预见，人类对水资源的争夺将会愈发激烈，也为冲突与不安全局势的产生造成了可能。历史问题往往是导致国际水资源争端和冲突的原因，其主要产生的原因是由于国家边界划分所引发对国际水域划分的争议。在第二次世界大战后的民族独立浪潮中，一些前殖民国家为了维护自己的剩余利益，在退出殖民地之前，有意在边界划分问题上进行偏袒，由此遗留下许多历史问题。其中所具有代表性的便是尼罗河问题以及苏伊士运河问题。此外，再加上国家间意识形态以及文化的差异，也为冲突的解决造成了客观困难。

综上所述，刨除国家自身淡水资源不足的原因，随着世界经济的快速发展，世界范围内本就因历史问题、领土问题而存在的水资源安全威胁日益凸显。因此，解决水资源安全威胁的关键在于国家、地区之间的充分合作，对领土争议问题提出一致性的解决方案，然而由于领土问题又受到其他政治、经济因素的影响，国家之间达成合作的共识往往花费数以十年的时间，这也恰恰是问题解决的难点所在。

（三）核安全威胁

自 1945 年美国将第一颗原子弹投入日本广岛以来，全世界意识到核战争将会是人类文明所面临的最大威胁，其所带来的战争阴霾与核辐射危害始终笼罩着日本人民。美国研制出核武器仅四年，苏联为了冷战也开展了核武器的研究。到 20 世纪 60 年代中期，核弹总存量已达到 7 万枚。这意味着如果将这 7 万枚核弹悉数引爆，核存量最多的两个国家美国与苏联将会被核弹摧毁十几次，并且其带来的核污染将蔓延整个北半球。除此之外，被核污染所笼罩的土地将颗粒无收，此结果将会成为导致人类灭亡第二个主要原因。

因此，对核安全威胁的深刻认识将关乎各国乃至人类的存亡与发展。尤其对冷战后的国际局势，各国安全形势的错综复杂，更使维护国家与国际安全的使命愈为艰难。

"核安全"是指客观上免于遭受核威胁、主观上消除核恐惧的状态以及为实现这一目的而采取的措施。而其中需要区分的两个概念是：核安全威胁与核安全应用。前者指核军控与裁军、防核扩散、防范核恐怖主义、和平利用核能、防止核意外等。除此之外，前者的关系是建立在国际边界安全的概念之上，而后者指核工业、民用核能领域的核安全概念，强调对工业生产、核设施、核材料的安全应用《核安全公约》。

由于核安全是建立在国际安全研究的基础上，因此核安全威胁的研究与国际安全议题发展保持密切的联系。目前，国际安全研究的特点主要有三：其一为议题导向的研究渐成热点；其二中层理论与微观理论成为理论创新的生长点；其三研究方法倾向于采用定性与定量方法。其中，与核安全威胁的议题逐渐成为国际安全研究的核心，其主要研究从微观理论与宏观理论出发，并积极应用于外交。其中，威胁理论是最为有效且发展最为迅速的。

当下，世界从军事、政治、社会三个方面受到核威胁的影响。军事领域的核威胁来源于多种因素的综合作用和国家间的军事互动，政治领域核威胁的基础在于军事领域核威胁的作用，军事威胁是国家间政治斗争的重要手段，在核安全领域也不例外；社会领域的核威胁主要是极端主义、分离主义、恐怖主义势力与核武器结合的危险，即核恐怖主义的威胁。由于核武器的威慑力与破坏力远超常规武器，冷战时期，有核国家为确保其国土安全，"相互确保毁灭次核打击能力"在多轮军备竞赛中被先后提出继而被强化。随着冷战的结束，国家间敌对关系的变化并未随着冷战的结束而结束，其核力量也并未随多轮核裁军的进行而被削弱。

可以说，基于国家军事力量上的核威胁是世界从冷战起便面对最主要的核威胁。在新的世界格局之下，恐怖主义以及宗教极端主义势力对世界和平的威胁日益严峻。核恐怖主义的产生与社会领域的安全互动密切相关，其极端的、反人类的恐怖手段使得国际社会有理由相信未来非理性核恐怖主义将会对国际局势稳定产生严重危害。全球范围内核武器、核原料、核设施防卫以及保护的漏洞也为核恐怖主义的产生提供了可乘之机。

此外，和平利用核能增加了环境领域核安全风险。民用核电设施由于其低能耗、低污染的优点被广泛采用，然而诸如苏联切尔诺贝利、日本福岛核电站的事故向人类表明：一旦核能由于自然或者人为的原因不能被妥善保护甚至造成核泄漏、核爆炸，其势必将威胁到整个人类文明。

核安全威胁是来源于军事、政治、社会等多方面威胁的共同体，既表现了各领域核安全威胁的内在联系，也表明国际核安全是国际安全的重要组成部分，与其他国际安全议题也有着紧密的关联，值得世界范围内的关注。

（四）其他环境安全威胁

从 20 世纪 60 年代起，有越来越多的国家表现出耕地减少趋势，其中人均耕地面积减少的国家个数高达 90%。耕地短缺普遍由城市化、工业化所造成。国家为避免耕地短缺引发的粮食危机，将可能采取破坏森林等方法。然而，随之而来的森林危机及其所引发一连串诸如温室气体激增、冰盖融化、臭氧层空洞扩大等问题，将会产生全球范围内的气温升高、海平面升高、辐射量升高等问题，对世界各国的社会稳定产生显著威胁，同时又增加产生军事、政治冲突的可能。

由此可见，环境安全威胁是一个具有综合性的威胁，牵一发而动全身。妥善解决环境安全威胁问题，不可片面尝试改进单一因素，而应全盘统筹，从世界可持续发展的角度共同改善环境，降低环境安全威胁。

三、全球环境变化造成的安全困境

在此主要就全球环境变化以及全球环境治理的困境进行解释，这里提出三种主要形式：环境博弈的囚徒困境、吉登斯困境、环境变化的"蝴蝶效应"困境。环境博弈的囚徒困境强调的是国家在解决全球性环境安全问题时的不合作姿态，吉登斯困境强调的是环境安全问题得到重视和解决具有滞后性，环境变化的"蝴蝶效应"困境强调的环境安全问题具有多发性、系统性、复杂性。

（一）环境博弈的囚徒困境

囚徒困境是博弈论中的经典模型，是指两个被捕的囚徒之间的一种特殊博弈，说明为什么甚至在合作对双方都有利时，保持合作也是困难的。囚徒困境是博弈论的非零和博弈中具代表性的例子，反映个人最佳选择并非团体最佳选择。在重复的囚徒困境中，博弈被反复地进行。因而每个参与者都有机会去"惩罚"另一个参与者前一回合的不合作行为。这时，合作可能会作为均衡的结果出现。欺骗的动机这时可能被惩罚的威胁所克服，从而可能导向一个较好的、合作的结果。

在环境治理中的博弈模型属于重复的囚徒困境模型，多国家在国际社会中多次就不同的或相同的环境议题进行互动，按照重复博弈理论，环境治理博弈理应向对几方都有利的方向发展，接近帕累托最优。但是，在我们对气候治理的研究中，我们发现美国作为当今世界现代化程度最高、经济体量最大的国家在气候治理方面一直采取不合作的姿态，不仅于2001年单方面退出《京都议定书》，而且在历届联合国气候变化峰会上都对欧盟和中国等发展中国家希望的建立有法律约束力的纲领性文件表示强烈反对。这一方面是由于其现实主义的国家观所致，另一方面也说明国际社会对于类似行为的"惩罚"能力有限。美国对气候治理的不合作态度导致全球气候合作进入困境，虽然2016年《巴黎协定》得以签署，但美国对于《协定》的根本态度并没有改变。

（二）吉登斯困境

吉登斯困境由英国上议院议员安东尼·吉登斯（Anthony Giddens）提出，主要是指气候变化造成的一种困境。其核心假设是："气候变化问题尽管是一个结果非常严重的问题，但对于大多数公民来说，由于它们在日常生活中不可见、不直接，因此，在人们的日常生活计划中很少被纳入短期考虑的范围。悖论在于，一旦气候变化的后果变得严重、可见和具体……我们就不再有行动的余地了，因为一切都太晚了"。

对于许多公民来说，气候变化是一个"后发"问题，而不是一个"当下"问题，多数公民认可全球变暖是一个严重的威胁，但只有少数愿意付出治理气候问题的相关成本，因此改变自己的生活。气候变化风险的间接性、不可见性是很多国家只关注眼前利益，忽略对未来的投资，短视和冷漠是吉登斯困境产生的根本原因。

（三）环境变化的"蝴蝶效应"

对"蝴蝶效应"最常见的阐述是："一只南美洲亚马孙河流域热带雨林中的蝴蝶，偶尔扇动几下翅膀，可以在两周以后引起美国德克萨斯州的一场龙卷风"。其原因就是蝴蝶扇动翅膀的运动，导致其身边的空气系统发生变化，并产生微弱的气流，而微弱的气流的产生又会引起四周空气或其他系统产生相应的变化，由此引起一个连锁反应，最终导致其他系统的极大变化。

"蝴蝶效应"最初意在指出结果对于初始值的依赖性，初始值很小的误差都会被无限扩大，导致结果的"混沌"。气象学家爱德华·洛伦茨最早提出"蝴蝶效应"时意在说明长期的天气预报的不准确性。

之所以称之为困境，是因为我们不可能对引起环境威胁所有初始值进行全部的认识，在我们集中控制某个特定问题时，其他问题的影响又会逐步扩大，就像全球著名的水利工程在解决水资源安全的同时，该工程带来的气候影响又会逐渐地扩大而来一样。就环境变化而言，"蝴蝶效应"造成的安全困境体现在环境系统的复杂性难以把控，在前文中提到了三个主要导致的可持续安全环境问题，但是，这些也只是管中窥豹、冰山一角。

环境问题的系统性、复杂性决定了根本解决环境问题的困难性。我们可以控制气候变化、水资源、核安全等的问题源头，避免未来发生的"蝴蝶效应"，但是如何管控人类尚未发觉的细微环境变化，如何避免这些变化所带来安全威胁的"蝴蝶效应"？解决这种困境的途径只有通过对可持续安全观念的引导，使可持续安全观念深入人心，在人类的日常生活中自觉地控制影响环境变化的微小变量，才能从根本上得到解决。

四、全球环境治理的过程分析

（一）全球环境治理过程的内涵

相对于"全球治理的结构"，"全球治理的过程"在其基本概念内涵方面显得不那么有争议。比较一致的看法是，"过程（Process）描述的是'全球治理是如何实现的'，即作为动词的全球治理。由于全球治理在结构上包括了类治理主体之间的互动。因而，对某一全球问题实现治理的过程，总是需要参与治理体系的诸多主要行为体进行充分、顺畅的互动，在运行良好的治理安排中，这种互动通常表现为顺畅的合作和合作性博弈。如此，在全球治理文献的语境中，过程是一个描述性的概念。其核心是诸治理主体是"怎么互动"，从而达成共同行动，针对某一问题形成治理的。在这个意义上，治理的过程总是表现为诸治理主体共同遵循的某种正式或非正式程序、规则、规范以及制度。

归纳来看，全球治理理论中的"全球环境治理的过程"，是指参与某一特定环境问题治理的诸治理主体，在一定的治理安排框架内进行互动与合作，实现对该问题有效治理的方式。

很多著名全球治理学者提出了自己关于"过程"的概念。如詹姆斯.N.罗西瑙（James N.Rosenau）提出了"分合并存"的过程图景，且被广泛地引证。但其概念实际上是对全球化和全球治理背景下世界政治发展的描述。而奥兰·扬则认为治理的过程描述的是"机制形成和追寻效率"的方式，这一界定与奥兰·扬（Oran Young）将机制认定为治理的渊源有关。而过程概念，则严格地限定为"治理的过程"，即治理是如何实现的。现有文献中对这个意义上的"过程"的研究不多。

全球治理的过程是在一定的结构中实现的，理清全球治理结构与过程两个概念之间的关系，对于理解"过程"具有非常重要的意义。诸治理主体之间会采取何种方式进行互动，直接受制于其权威分配图景。

在国家依然是唯一重要的治理主体、结构方面依然保持了国家一家独大地位的治理安排中，诸治理主体的互动往往呈现自上而下的单向模式。如东北亚地区的环境治理中，国家的权威呈现一家独大的地位，而其他治理主体如科学机构、非政府组织缺乏独立的权威。在这种情况下，治理主体之间的互动关系往往表现为其他主体对国家的依附，呈现自上而下的过程。在类似的全球治理安排中，"发展出一种可行的全球问题的解决方案的努力，依然受制于关于权威性质的传统语境……对于非政府组织和公民社会的权威，依然是口头说说而已，它们实际上参与互动的动力和能力非常有限——国家依然被认定为最主要的行为体"。

反之，如果某个治理安排形成了多元化的权威分配结构，在过程层面则可能出现不同层次间多向互动的模式。国家与超国家层次和社会层次中的非国家治理主体通过合作互动的过程，实现对特定问题的治理。"有效的全球治理基于多元主体共同行使基本的治理功能"。不同治理主体在行使这些功能方面具有不同的优势，这便是权威的来源之一。而多元化的治理结构将会使得治理过程中的主体间互动更加充分；这将使得一个治理安排能够更加充分地体现各个治理主体的诉求。在全球环境治理理论层面，这是一种得到广泛认可的治理过程图景。"变革现有全球环境治理的最有效途径是实现多中心的治理原则。这需要对政府、非政府组织、私人部门、科学网络、国际制度等行为体进行治理分工；进而就需要它们发挥各自的比较优势，进行充分的互动合作"。全球环境治理对多元化治理主体的需要，决定了此种多层次、多元化的互动将会是理想全球环境治理过程的必要要素。

（二）全球环境治理过程的类型

由于治理的过程受到其结构的深刻限定，因此，对过程的分类往往是基于其体现的结构来进行的；换而言之，治理过程的分类总是能体现出治理结构方面哪个治理主体居于主导地位。如詹姆斯 .N. 罗西瑙（James N.Rosenau）以权力流向是单向（水平或竖直）还是多向（水平和竖直）以及治理规则是正式的、非正式的、混合的为标准，将治理划分成了六个类型。罗西瑙的这六个类型分别是自上而下型、自下而上型、市场型、网络型、并行型、默比乌斯网络型。从逻辑上看，这里所说的"权力流向"问题，实际上是在描述一种权威分配的方式；以此为基础，再依据治理规则的正式程度对治理进行了划分。罗西瑙的这种划分方式非常清楚地体现出了权威分配结构对于过程的影响。再如马蒂亚斯·科尼格 - 阿尔基布吉以治理安排的包容性、公共性和授权性为分析框架，区分了全球政府间主义、全球超国家主义、直接霸权、直接的全球跨国家主义、授权的全球跨国家主义、直接垄断、间接垄断七种治理安排类型。而其所论述的包容性、公共性、代表性实际上包括了参与治理的主体、主体间的"权重"分配等结构要素。治理结构对于治理过程类型的影响同样受到了充分的认可。

在逻辑上可以出现三种类型的全球环境治理过程：第一，国家权威独大，非国家治理主体从属于国家权威的情形，过程表现为单纯国家间机制的达成，本质上是国际环境治理；第二，非国家治理主体权威明显，积极推动治理进程，对国家形成鲜明的敦促、监督作用，过程表现为各类治理主体共同参与的跨国行为的达成，也体现为压力集团对国家的影响；第三，国家与非国家治理主体共享治理权威，过程表现为各类治理主体充分互动，达成包括国家间机制、跨国机制在内的多层、跨部门治理安排，形成了真正符合"全球治理"范式要求的"全球环境治理"。这三种全球环境治理过程类型又各有其特点。

1. 以国家间机制为主要载体的国际环境治理

以国家间机制为主要载体的国际环境治理，在治理过程上体现为国家间机制的达成和履行。这种治理过程通常是自上而下的，通过达成一定的国际环境条约并推动国家履约，进而实现国内环境立法和环境政策方面的进步。但国家间机制是国家主权的延伸，必然首先服从主权国家的利益，且任何主权国家都有权对其进行保留甚至否决；因而国家间机制经常需要寻找各国共同利益的交集，从而限制了其作用的发挥。换而言之，国家一家独大的治理权威分配结构，在本质上依然是威斯特伐利亚体制的表现形式，无法超越新形式的全球性问题。

"从某种程度上说，多边主义是一种兼具代表性和责任性的全球治理类型。国家间机构具有代表性，因为其管理机构（尽管不平等地）代表了所有成员国政府。它们是负责任的，因为这些类似机构使得政府可以控制预算、权力和活动。然而，当今世界的多边主义面临两个问题。首先，能够通过国家间机构最佳地实现其利益……同样重要的是，大多数公众对他们在政府间机构中得到代表的说法并不买账……多边机构日渐被指责缺乏民主、不够内行或效率不高。由于这些原因，我们看到卷入全球环境治理的所有实体正转而求助与其他形式"。

2. 超国家层次的各类治理主体共同参与的跨国行为

超国家层次的政府间国际组织和社会层次中的非政府组织、跨国企业、社会精英（包括政治、经济和知识精英）可以构成压力集团，甚至结成一定的跨国机制（Transnational Regimes）、萌发出跨国公民社会，以此构成了以跨国行为为标志的治理过程。这种治理过程更多是自下而上的。跨国机制作为连接这些压力集团的纽带，本身便是一类重要的治理安排。而最显著的实例则是1992年联合国环境与发展大会召开期间，2000多个国际非政府组织对参会代表进行了大量游说，其中一些非政府组织被赋予代表身份直接参会。可以看到，非国家主体间的跨国机制和跨国行为可以构成治理达成的方式，但其真正落实必然依赖国家。单纯依靠非国家行为体结成跨国机制、跨国公民社会，对于全球问题的治理终究有乏力感。

3. 国家与非国家的多层、跨部门治理主体共同治理

多层、跨部门治理安排是相对理想的一种治理过程。这种过程类型允许非国家主体充分参与，国家与之共享治理权威，诸治理主体之间也可以存在充分的互动，

在这种过程中，权威的多元性得到凸显，并不存在一种至高的权威。此类治理过程凸显了"治理"概念的包容性，诸治理主体都被纳入其中，形成非常复杂的跨层次、跨部门治理网络。现实中，现有全球环境治理安排也已经初步显现出了多种治理主体在不同层次中的网络化互动。

上述三种全球环境治理过程类型的划分，是以不同全球环境治理结构为依据的。这种分析方式虽然体现了结构方面的特征，但却缺乏动态性，无法很好地阐释全球环境治理究竟是如何实现的，也没有细致地分析全球环境治理的过程究竟存在哪些环节，以及这些环节之间的关系如何。但是，若要深入分析现有全球环境治理在过程方面存在的问题，就必须明确全球环境治理的过程包括哪些环节，进而深入分析各环节之间的互动过程中存在的问题和缺陷。这也是分析现有全球环境治理安排的过程缺陷所必须的研究路径。

第四章 现代环境保护的迫切性与现实状况

近年来，我国生态环境问题日益严峻，很多地区为了追求经济发展，在改造自然的过程中，对环境造成了极大的污染和破坏，人们生存的基本条件受到威胁，保护生态环境迫在眉睫。

第一节 现代化环境保护的迫切性

一、环境保护的必要性

（一）植被已被破坏

森林是生态环境的重要支柱，但现在森林破坏却很严重，特别是用森林中可供采伐的成熟林和过熟林蓄积量已大幅度减少。同时，大量林地被侵占。所以积极保护植被刻不容缓。

（二）土地严重退化

土地是我们人类生存的家园，但现在我国的耕地退化问题已经十分突出。如原来的北大荒地带土壤十分肥沃，但现在土壤的有机质已从原来的 5%~8% 下降到 1%~2%，并且，现在由于农业生态系统失调，全国每年因灾害损毁的耕地约 200 万亩。所以我们应行动起来保护土地。

（三）环境污染频发

20 世纪 50 年代发生了一连串重大的环境污染事件，这是大自然向人类第一次敲响警钟，这些污染事件致使人们开始看重环境问题。

"顺我者昌，逆我者亡"，这是人类之间的用语，现在换做成自然界对人类发出的警告，违背自然规律，不论是谁都不能幸免于难。西方国家最先尝到了环境污染的恶果，工业化进程推动国家经济的增长，但同时也破坏自然界平衡，在工业化的进程中它们获得了巨大的利益，但人们的生存环境却是越来越恶劣，引发出了大气污染、水体污染、土壤污染等问题。

（四）全球变暖加速

全球变暖的体现是海平面逐渐上升，研究证实，海平面一百年来已经上升了10~20厘米，这是非常可怕的，而且未来还会加速上升并淹没一些低洼的沿海地区，之前科学家一直在预测，当今已成为事实。这种现象形成的原因是汽车尾气的排放、煤炭和石油化工燃料的使用，森林的滥伐和火灾也是造成这种现象的原因之一。

（五）生物多样性资源减少

地球上的生物多种多样，因此也就组成了生物的多样性。地球上的所有生物以多样化的形式存在，地球已经存在了几十亿年，在这几十亿年中生物一直在进化和变异，它们的存在构成了多姿多彩的地球。它们被赋予特殊的生命意义，它们是人类社会生存的基础，保护生物多样性就是在保护人类自己。

二、环境保护的重要性

（一）对国家而言

保护环境是保证经济长期稳定增长和实现可持续发展的基本前提。保护环境能够促进和优化经济增长环境，与经济的关系紧密相连。良好的生态环境是经济增长的基础和条件。环境问题解决得好坏关系到中国的国家安全、国际形象、广大人民群众的根本利益。所以保护好环境，能优化经济增长，促进发展。

（二）对社会而言

保护环境是为社会经济发展提供良好的资源环境基础，消除那些为了经济破坏环境并危及人类生活和生存的不利因素，良好的生态环境质量已经可以成为城市综合竞争力的重要因素，可以增强城市吸引力和凝聚力，促进地方经济社会实现更好更快发展。保护了环境才能在社会经济发展的同时更能保证环境的安全，经济才能更长远的发展。

（三）对生物而言

保护环境能维护生物多样性，转基因的合理使用与谨慎使用，对濒临灭绝生物进行特殊保护，实现灭绝物种的恢复、栖息地的扩大、人类与生物的和谐共处的美好现象。

（四）对人类而言

环境保护关系到群众切身利益的大气、水、土壤等突出环境污染问题，改善环境质量，维护人民健康，保护了环境才能使所有人都能获得清洁的大气、卫生的饮水和安全的食品。加强环境保护能推进技术进步和更新改造，提高资本运营质量，有利于带动环保和相关产业发展，培育新的经济增长点和增加就业。所以环境保护对我们的生存条件和健康之路有着至关重要的地位。

第二节　现代国外环境保护的现实状况

一、俄罗斯生态环境保护机制

俄罗斯是世界上领土面积最大的国家，并且俄罗斯的城市和人口相对来说分布比较集中，只占很小的一部分国土面积，剩下的绝大部分的国土面积是未开发地区。因此俄罗斯拥有世界上最丰富的动物和植物种类，拥有面积最大的自然森林。俄罗斯为了防止自然生态遭到破坏，从立法方面制定了大量的政策和立法措施来保护生态环境。

（一）俄罗斯的政策性环保制度

为了保护环境，实现环境的可持续发展，保障公民的环境权力，俄罗斯制定了大量的国家政策。这些环境保护的政策性规定成为俄罗斯制定环境保护法律的指导性文件，为制定环境保护法律制度指明了方向。

俄罗斯 2002 年颁布的《环境保护法》的序言中提到：立法的目的是满足当代人和后代人发展的需要，调整环境保护领域的法律规定和保障俄罗斯的生态安全。俄罗斯从立法上对环境保护予以规定，以国家强制力来保障环境生态的保护，同时还将可持续发展、保障公民环境权等一系列先进的理念融入立法中。俄罗斯除了通过国家政策和立法来保障环境生态保护，还通过参加的国际公约、国际协定来保障对生态的保护。

（二）俄罗斯环境生态保护措施的优点

首先，俄罗斯政府非常重视对生态的保护，制定了大量的法律法规，和尽可能完善的法律规定，从立法上对生态进行保护。俄罗斯还投入大量的资金运用于生态恢复领域，并取得了显著的成效。

其次，俄罗斯从教育培训方面入手，培养了很多环境生态方面的专家，让这些环境生态方面的专家在环境保护和环境治理领域发挥着主要作用。政府环保部门还大力宣传，在民众中普及环境生态的常态，让普通民众认识到环境生态的重要性，从而自觉遵守法律法规，并起到社会监督的作用。

最后，俄罗斯政府把最先进的环保理念贯穿到整个立法过程中，可持续发展的理念，保障公民环境权的理念在俄罗斯的环保立法中都有体现。

二、美国生态环境保护机制

（一）美国生态保护的具体措施

1.生态工业园建设

生态工业园（EIP）是为了实现循环经济和可持续发展理念，企业相互依存而形成的企业共生体系。美国环保局认为："EIP 是一种由制造业和服务业组成的产业共同体，他们通过在环境及物质的再生利用方面的协作，寻求环境和经济效益的增强。通过共同运作产业共同体可以取得比单个企业通过个体的最优化所取得的效益之和更大的效益"。

美国生态工业园发展已经有十多年的历史，在 20 世纪 90 年代，美国政府开始关注作为一个新兴工业理念的生态工业园，并在总统可持续发展委员会下设"生态工业园特别工作组"，推动生态工业园的发展。生态工业园以实现企业清洁生产，企业之间通过能量、废物和信息的交换从而使资源得以最大程度利用为目的，尽可能使园区的污染物排放为零。通过十多年的努力，美国已经建成三大类（改造型、全新型、虚拟型）总计 20 多个生态工业园。美国是最早提出生态工业园的国家。与传统工业园相比，生态工业园以工业共生为特点，节约资源、降低废物的排除，是实现可持续发展的有力支撑。生态工业园的发展与美国政府在生态保护与经济发展所持有的可持续发展目标是完全契合的。

2.生态保护的市场机制

生态保护单纯依靠政府的力量势必十分被动，经历过惨痛教训之后，美国政府在生态保护问题的观念上发生了重大变化，即依靠市场的力量，设立不同的经济措施促使企业主动守法，这才是生态保护的最有效手段。美国生态保护政策可以说都是经济政策，也就是说强调开发新技术和新产品而不是通过改变生活方式来实现生态保护和经济的可持续发展，通过措施的多样性，力求充分发挥各级地方政府和企业的积极性，使其自愿参与到环境守法中来。市场机制在美国生态保护中的积极作用是显而易见的。比如二氧化硫排污权交易制度，根据 1970 年《清洁空气法》，美国政府实行了一项"泡泡政策"，在污染物总量控制的前提下，各企业排污口排放的污染物可以相互调剂，即把污染物总量设为大泡泡，各个企业并畎的污染物设为小泡泡，只要企业通过技术革新减少排污量，那么企业就能通过排污权交易的方式获得资金。这极大地提高了企业环境守法的积极性，也便利了政府的环境管理工作。

在市场机制的应用方面，美国证券交易委员会要求上市公司披露相关的环境信息，以利于民众监督。环境信息披露制度增强了企业的环境守法意识，因为通过公众和信息搭建起来的市场意味着守法才能获得民众认同，才能有经济效益。

3. 生态补贴政策

根据《2002 年农业法》的授权，美国农业部将通过实施土地休耕、水土保持、湿地保护、草地保育、野生生物栖息地保护、环境质量激励等方面的生态保护补贴计划，以现金补贴和技术援助的方式把这些资金分发到农民手中，或用于农民自愿参加的各种生态保护补贴项目，使农民直接受益。

4. 自然保护区管理

美国的自然保护区以"国家公园"为名，旨在保护自然资源和历史遗迹，同时能为公众提供欣赏并享受美好环境的空间。成立于 1872 年的黄石公园是世界上第一个"国家公园"，其产生过程为美国及全球国家公园的生态保护提供了良好的范本。作为世界上最早以"国家公园"形式进行自然保护的国家，美国在管理方面制定了诸多相关法律，如 1894 年的《禁猎法》、1916 年的《家公园法》、1964 年的《荒野法》、1968 年的《国家自然与风景河流法案》和《国家步道系统法案》，以及 1969 年的《国家环境政策法》、1970 年的《一般授权法》等。在管理体制方面，国家公园系统实施统一管理，即由联邦政府内政部下属的国家公园管理局直接管理，其管理人员都由总局任命和调配，工作人员分固定职员和临时职员、志愿人员。在资金运作方面，美国给予国家公园管理机构以财政拨款，保障了管理工作的顺利进行。

（二）美国生态环境保护机制对我国的启示

1. 严格执行环境影响评价制度

作为环境污染的事前预防措施，环境影响评价制度的积极意义不言而喻，但在诸多建设项目中存在的未批先建等违法行为使这一制度的约束意义大打折扣。严格执行环境影响评价制度，需要审批部门严格审查，并与国家产业政策相协调，凡是与产业政策相违背的项目一律不予通过；对未批先建造成环境污染或者破坏的，应在罚款的基础上增加企业"恢复原状"的责任。

2. 理清环境监管体制

我国环境监督实行"统管与分管相结合"的管理体制，即各地环保部门与其他资源管理部门根据各自权限在不同领域行使环境管理职权。这一管理体制造成的问题是：在环境问题凸显时往往出现推诿现象。理清监管职责，建立多部门协调工作机制有助于环境问题的有效解决。

3. 落实总量控制制度

我国将环境污染主要控制因子扩大为化学需氧量、二氧化硫、氨氮和氮氧化物，要求各地区在综合考虑本地经济发展的基础上合理确定减排目标。国家在污染物总量控制方面仅有政策性文件的支持，如《二氧化硫总量分配指导意见》（环发（2006）182号）、《"十二五"节能减排综合性工作方案》（国发（2011）26号），缺乏法律层面的明确规定，对超过总量控制指标的企业缺乏处罚的依据，因此，在《大气污染防治法》中明确总量控制制度以及政府、企业在总量控制制度中的职责、权限和义务、责任，有助于使总量控制走上法制化的道路，为实现节能减排目标提供法律保障。

4. 实施排污权交易

排污权交易是促进节能减排的一项重要经济举措。实施排污权交易制度首先是是以法律形式确立排污权以及排污权交易的主体；其次，建立排污交易市场管理制度，允许排污权像商品那样被买卖，激励企业主动减少污染排放量；最后，强化政府的管理职能，以市场形式促成交易的实现，防止非法交易和幕后交易。

第三节　现代国内环境保护的现实状况

一、我国自然资源环境保护现状

（一）土地资源保护的现状

对于土地资源的保护，我国出台了一系列关于土地资源保护的法律法规，主要有：《土地管理法》《水土保持法》《基本农田保护条例》《土地复垦规定》等。对土地资源的保护，我国法律主要针对土地的权属关系、土地的流转关系，土地的监管关系，土地的开发与治理关系做了相应的规定。然而，我国土地资源保护法的立法和执法过程中还存在着一些问题，导致土地资源依然污染、流失严重。

首先，我国土地自然资源保护法的有些规定不具有针对性，导致在执法过程中，各个地方具体执行的标准不一样，对一些特殊情况没有具体的规定，就会导致在现实执法过程中出现混乱。

其次，我国对土地资源管理的机构分为县市省级人民政府，或者国务院，各个管理机构的管理职能交叉分割，管理起来容易出现混乱的现象，应该把土地资源的管理机构合并为一个机构的职权，这样由一个机构来管理土地资源的保护，可以提高管理和治理的效率，也不会出现重复管理的现象，有利于土地自然资源的保护。

再次，土地资源保护法中，只是规定了防止水土流失和防风固沙的措施，而对于防止土壤的污染没有详细的规定，现在土壤的污染问题也成为土地资源减少的重要原因之一了，因此有必要把防止土壤污染的措施也进行详细的规定。固体污染物以及工业污水对农业用地的污染的危害是有目共睹的，因此规定禁止固体污染物和工业污水进入农业用地，并且规定相应的惩罚措施和限期治理措施。

最后，对于土地资源保护缺乏民间的保护组织，应该充分调动起公众参与土地自然资源保护的积极性，充分发挥公众的社会监督作用。

（二）水资源保护现状

水是人类生活和生产都离不开的资源，没有水，人类将无法生存下去。我国的水资源污染严重，湖泊每年都在减少，现存的湖泊也面临着濒临灭亡和水体质量下降的现状。我国也认识到了水资源减少的紧迫性，相继出台了《水法》《水污染防治法》《水土保持法》等法律。但是在水资源保护的立法和执法过程中仍然存在不完善的地方，导致我国水资源问题依然很严峻。

首先，我国对水资源保护进行管理的机构，分为按流域来管理的机构和按地区来管理的机构。两者之间存在交叉现象。在实践中，很容易把两者的管理范围搞混淆，因此不利于对水资源保护进行管理，应该把两者的管理范围划分清楚，和两者合作的范围规定清楚，这样不仅可以提高各自的管理效率，而且还也可以使两者很好地配合。

其次，水资源保护法中，对一些具体的执法标准，没有规定具体的标准，会导致在执法过程中容易产生混乱局面，同时给执法部门过大的弹性执法空间，容易产生执法不力、玩忽职守的现象。对水资源利用收费过程中，收费的标准不统一，也会导致执法的混乱，不利于水资源的管理。

最后，我国对水资源的保护也缺乏公众参与机制，政府要加强对水资源重要性的宣传，让公民意识到水资源的重要性，并自觉组织水资源保护民间组织，发挥公众在社会监督和宣传方面的优势，这样才能更好地保护水资源。

（三）矿产资源保护现状

矿产资源为我国工业发展提供原料和能源。矿产资源不足，将会严重影响我国工业的发展，而工业在国民经济中占有很重要的地位，一个经济实力雄厚的国家不可能没有工业，所以矿产资源对国家经济发展有着至关重要的作用。我国颁布了《矿产资源法》《矿产资源补偿费征收管理规定》等法律。但是我国的矿产资源保护法仍然存在很多漏洞，不能全方位地对矿产资源进行保护。

首先，我国矿产资源保护法对集体矿山和个人采矿进行了各个方面的规定，但是规定得太过笼统，没有针对性，就会造成执法过程中的混乱，执法效率不高，集体矿山和个人采矿存在没有计划乱开采的现象，反映了我国在矿产资源执法过程中的漏洞。我国规定：集体矿山和个人采矿应该注意提高采矿技术，合理采矿，注重采矿和保护周围环境相结合。但是，在现实中，集体矿山和个人采矿往往采矿技术落后，采取掠夺性的采掘，并且不注重对周围环境的保护，造成矿山周围环境污染严重。

其次，《矿产资源法》规定开发矿产过程中，造成耕地、森林、草地破坏的，企业应该采取措施恢复耕地、森林、草地的面貌。但是在现实中因为缺乏相应的监管机制，开发矿山的企业很少主动做到对周围环境的保护。所以，应该健全开发矿产资源的监督机制，督促企业开采矿产的同时，治理周围环境。

（四）森林与草原资源的保护现状

森林和草原在保持水土、涵养水源、调节气候方面发挥着重要的作用，我国相继颁布了《森林法》《森林法实施细则》《森林病虫害防治条例》《草原法》《草原防火条例》等法律。由于立法和执法上的疏漏，我国森林和草原生态仍然面临着破坏严重的局面。

首先，我国森林与草原保护的相关法律规定太过笼统，针对性和可操作性不强，造成执法部门在执法过程中不能有效执法，执法效率低下。

其次，相应的监督机制不完善，缺乏相应的公众参与机制，没有充分发挥公众的社会监督作用。

（五）野生动植物的保护现状

野生动植物资源对维系地球生态系统的平衡具有重要作用，野生动植物资源给我们提供了丰富的药物，为科研提供了依据，是大自然生物链重要的环节。我国在野生动植物方面颁布的法律有《野生动物保护法》《野生植物保护条例》《进出境动植物检疫法》等，已经形成了一个保护野生动植物的法律体系。但是由于野生动植物具有很高的药用和食用价值，不法分子还是敢冒风险，破坏野生动植物。很多珍贵的野生动植物已经濒临灭亡。

我国野生动植物保护法要加大对破坏野生动植物行为的处罚力度，对于破坏部分珍贵行为野生动植物要予以刑罚处罚，对破坏野生动植物的犯罪分子形成威慑力，使其不敢从事捕获知采掘野生植物的行业。其次，要构建社会监督机制，只有发挥广大民众的监督举报作用，形成密集的监督网，一有情况就立刻上报政府，政府立刻采取行动，在这样的机制下，破坏者才不敢轻举妄动。

二、我国环境污染与防治的现状

（一）环境污染的现状

1. 环境污染的历史渊源

18 世纪中叶开始的工业革命，蒸汽机代替了手工作坊，它标志着资本主义社会从手工工场阶段向机器工厂阶段的飞跃，机器大工业蓬勃兴起，煤成为一个国家最重要的工业原料，于是环境污染就产生了。环境污染是伴随着工业发展过程产生的，同时也是一个国家工业发展不可避免造成的事故。

环境污染是指由于人类的日常生产实践活动导致有害物质或因子进入环境，导致环境的结构和功能变化，从而危害人体或者生物的生命和健康的现象。国外很早就有对环境污染的记载，而我国是在改革开放之后，经济快速发展的过程中才开始出现的。在改革开放以前，我国工业产业还不是很多，环境污染问题并不突出，还没有引起人们的重视。改革开放以后，经济快速发展，工业化和城市化进程的加快推进，环境污染日益彰显，逐渐成为威胁人类生产生活和生命的严重问题。环境保护问题成为当代社会的共识，成为各个国家和地区经济发展首先要解决的问题。

在我们的日常生活中，每天都有环境污染的事件发生。工厂生产活动排放的废水、有毒气体造成的面积很广的环境污染；城市里的汽车尾气对环境造成的影响；我们日常生活中的废水排放到湖泊河流里造成水体富营养化等，都属于环境问题。环境污染问题是个历久弥新的问题，会随着社会经济的发展，越来越多新的环境问题出现，比如核辐射，2011 年 3 月日本地震引起的日本核电站的核泄漏，对社会经济的影响，现在仍然在持续。

环境问题还会导致一系列相关问题的出现，职业病的出现就是紧跟着环境问题出现的。由于工人工作的工厂环境的问题而导致工人身体方面出现病变，就是职业病。目前国家已经划定为职业病的种类有150种，而每年都会有新的职业病种类出现，这与环境污染种类的不断增加是相符的。

环境问题还会引起生态的破坏，动物种类的减少，进而导致气候的变化。1998年的长江流域的特大洪水事件就是环境问题间接导致的。人们的农业生产活动，尤其是围湖造田，造成湖泊面积和数量锐减，长江流域降雨量增加，长江水量猛增的情况下，湖泊不能起到应有的储蓄洪水的作用，所以就导致长江沿岸的洪涝灾害。

2. 环境污染后果的严重性

环境问题造成的后果往往是很严重的。大到工厂排放的废水废气造成的环境污染，小到生活中一个小细节，都可能造成严重的后果。工厂排放的废水废气，废水通过渗透地下水进而影响居民的饮用水源，居民饮用这些被污染过的水后，可能会危害居民的身体健康，甚至会夺走居民的生命，并且饮用水源污染不只是危害一个人，而且是危害一个乡村或者整个城市居民健康和生命安全。生活中的一个小细节，比如使用含磷的洗衣粉，如果每个人都使用含磷洗衣粉，那么生活污水排放到湖泊中，藻类大量繁殖，水体缺氧，导致鱼类大量死亡，破坏了湖泊的生态平衡，造成湖泊水质的下降，而湖泊是淡水的重要来源。全球的淡水资源在急剧减少，未来淡水水源可能成为国家之间战争的焦点。所以，保护淡水、保护湖泊，对人类具有非常重要的战略意义。

环境污染也可能造成人类财产的减少。在人类社会早期，由于当时生产力的低下，人类对生态环境的破坏可能只局限于过度砍伐森林，过度放牧破坏牧区的生态恢复能力，使森林减少，草原变成沙漠，造成人类可利用自然资源的减少。随着社会经济的发展，生产力的发展也达到了前所未有的高度，人类对环境的破坏能力随着生产力的发展也达到了极其严重的地步，湖泊的减少，耕地的减少，到处可见的污染，淡水资源的减少，地球上可供人类利用的资源越来越少，人类生存的环境危机四伏。

3. 环境污染影响对象的不确定性

环境问题一旦发生之后，影响的往往是一定范围内的人们，而这个范围是不确定的，是否会继续扩大，这个范围内的人们具有流动性，所以环境侵权影响的对象是不确定的，它只能用一定范围来说明，而不能具体到数量。环境问题结果的出现具有长期性、积累性的特点，有些环境污染的结果不可能在短期内呈现，有可能经过几十年，上百年，环境污染的结果才逐渐显现，上代人造成的环境问题，由后代人来承受，所以环境问题影响的可能是当代人也可能是后代人。因此，环境侵权的对象具有不确定性。

同时环境污染的责任者也有可能是不确定的某类人，或者是某地区的某类企业，或者一个地区的所有企业都是环境侵权的责任者。环境污染问题的出现具有累积性的特点，一家两家排污企业可能无法形成严重的环境污染问题，但是一个地区所有排污企业共同作用的结果就是形成了严重的环境污染问题。环境污染的责任者可能是一个地区的所有企业，环境污染也可能是一个地区所有企业共同作用的结果，而不是具体的哪一个企业单独造成的。

4. 环境污染方式的多样性

随着社会经济的发展，环境问题出现的方式也越来越多，呈现出多样化。传统的环境问题包括：工业产生的废水、废气、废渣，进入大气、水体和土壤对人类健康和财产造成危害；居民生活污水进入水体造成的水体污染问题；城市里的汽车尾气等造成的大气污染等。还产生了很多新的环境问题，如放射性环境污染、电磁波污染、光化学污染等新的环境污染种类。

经济的发展带来科技的进步，新的科学技术、新的发明运用于生产领域，可以给生产活动带来便利。但同时又造成了新的环境问题的出现。苏州的联建科技有限公司，曾改用新的清洁效果更好价格更便宜的清洁剂正己烷来擦拭显示屏，代替传统的清洁剂酒精。正己烷是种挥发性的化学溶剂，挥发速度比酒精快，因此可以提高流水线上工人作业的效率，但是同时正己烷具有一定的毒性，造成了联建科技近百名员工集体中毒事件。新的发明、新的科技成果运用生产过程中，必须经过反复的检测和验证，否则给人们生产带来便利的同时也暗藏了危机。

随着生产的进步，环境污染的方式必然越来越多，未来可能出现什么样的环境侵权方式，是任何人也预料不到的，我们只有对新的发明新的科技运用于生产之前，对其进行严格的检测和反复的论证，力求新的发明和新的科技确实不会产生严重的环境问题，再运用到生产领域当中。

5. 环境污染的种类

随着经济的发展，我国环境污染的种类也呈现多样化。改革开放以前，我的环境污染现象还不严重，只是存在乱砍滥伐森林、围湖造田等一系列比较原始的生态破坏，以及过度地向森林、湖泊索取一些自然资源。而改革开放以后，我国经济迅速发展，各种类型的企业不断涌现，新的环境污染形式不断呈现。环境污染的种类日渐增多，并且危险也越来越大，影响的范围也越来越广泛，对人们的健康和财产造成的损失也越来越严重，人类似乎每天都面临着环境污染。

按照环境要素来分类，环境污染可以分为大气污染、土壤污染、水体污染。大气污染是指大气中污染物或由它转化成的二次污染物的浓度达到了有害程度的现象。大气污染主要是由工业生产排放到大气里的粉尘或者汽车、火车、轮船等交通工具燃烧化石燃料排放的废气。土壤污染是指人类活动产生的污染物进入土壤，使土壤质量恶化的现象，土壤污染的污染源主要来自没有经过处理的污染过的灌溉用水，或者酸雨。水体污染是指人类生产生活的垃圾进入水体，影响水体的物理组成、化学成分、生物组成，进而导致水体质量下降。水体污染主要是因为工业生产的废水、居民生活的污水进入水体，导致水体的变化。

按照人类活动来划分，环境污染分为工业环境污染、城市环境污染、农业环境污染。工业环境污染是指在工业生产过程中产生的污染物，主要是指废水、废气、废渣及噪声污染。工业环境污染对人类的生活造成的危害是最严重的，危及人类的健康及财产。城市环境污染是指在城市工业生产和居民生活过程中排放到自然环境中的污染物，导致环境中各种因素和功能的变异，环境生态系统失衡，危害人类的健康，影响人类的生活。农业环境污染是指在农业生产活动中使用化肥、农药、人畜粪便，影响土壤的组成元素的变化，或者塑料大棚的塑料薄膜对土壤造成的污染，农业环境污染严重影响农业生产活动，影响农业收成。

按照造成环境污染的污染物的性质、来源可分为物理污染、化学污染、固体废弃物污染等。物理污染包括噪声污染、放射性污染、电磁波污染、光化学污染。化学污染是指环境因为化学物的大量进入而引起的污染，分为有机物污染和无机物污染，化学污染威胁人类和动物的生存，是最严重的污染之一。固体废弃物污染是指人类的消费品用过后的废渣，也就是我们日常生活中的生活垃圾。

（二）从法律层面看我国环境污染防治的现状

我国对于环境污染问题很重视，已经相继出台了大气污染防治法、水污染防治法、海洋污染防治法、环境噪声污染防治法、固体废物污染环境防治法等相关法律。对环境污染从大气、水体、海洋、噪声、固体废物等方面进行规定，防治污染和治理环境。但是立法方面还存在一些不足，也是导致我国环境污染严重，污染行为屡禁不止的原因。

1. 立法方面

从立法方面看我国环境保护机制的不足，我国的环境立法缺失，也是造成环境污染日益严重的原因。我国现有的环境立法主要集中于对于政府环境职责的规定和具体管理制度上，缺少从根本上保障公民环境权的法律。而政府在行使环境职责时，由于对当地经济增长的重视等各种原因，忽视了对环境的保护，造成政府怠于行使环境职责，或者对于环境污染现象不作为，从而造成我国环境污染日益严重。

大气污染是指人类在生产生活过程中排放到大气中的污染物累积到一定的浓度，使大气的组成和功能发生变化，对人类生命健康，动植物造成一定损害的现象。大气对于人类和动植物的生存意义重大，大气是人类和动植物生存的前提，如果没有大气环境，人类和动植物的生存无从谈起。我国在大气污染防治方面的法律有《大气污染防治法》，还有一些行政规章《关于发展民用型煤的暂行办法》《汽车排气污染监督管理办法》等。

现阶段，我国虽然颁布了关于大气污染防治的法律，但是我国的大气污染现象仍然很严重。我国大气污染防治法本身存在的不足之处有：首先，大气污染防治法的法律规定在实际执法过程中针对性不强，造成在执法过程中出现无法可依的局面，导致执法的混乱。其次，缺乏相应的监管措施，以及大气出现污染问题处罚后的监督机制，以至于出现对于污染行为处罚之后，不久又开始污染环境的现象。最后，《大气污染防治法》是 1987 年颁布的，最近一次修改是在 2000 年，而随着经济的快速发展，污染现象出现的方式越来越多，一些新的环境污染问题并未规定到《大气污染防治法》里面。而这些新的污染问题正在危害着人类的健康，却没有相应的法律法规予以规范。

水污染是指某一种或几种污染物进入水体，导致水体的物理特性、化学特性、生物组成方面发生了改变，水体质量变差，影响人类使用，并对人类生命健康和动植物的生存构成威胁的现象。水资源是人类和动物赖以生存的重要物质，如果没有水资源，地球上将没有生物，所有的动植物，包括人类，如果离开了水，将无法生存。我国水资源保护方面的法律有《中华人民共和国水污染防治法》，行政法规有《中华人民共和国水污染防治法实施细则》《饮用水源保护区污染防治管理规定》等。虽然我国颁布了一系列的水资源防治法，但是在实践中，由于立法不完善，执法方面存在漏洞，我国水资源污染仍然很严重。

水资源立法方面的不足主要有：第一，对于排污收费的规定，我国《水污染防治法》中，对排污收费规定的数额偏低，对排污企业起不到惩罚和警诫作用，企业为了追求高利润,当然愿意交相对于利润来说较低的排污费。另外,对于排污费征收的项目较少。排污费的征收没有真正起到防治污染的目的。第二,对于水资源的管理机构,按地区和按流域划分,各个管理机构的管理范围会有一定的交叉、重合,不利于提高管理的效率。

海洋污染是指由于人类的生产生活实践过程中向海洋排放了污染物,累积到一定程度,导致被污染的海域水质下降,危害人类和海洋中的生物生存。海洋是地球三大重要的生态系统之一,在调节气候方面起着重要作用,海洋还为人类提供食物、能源。我国关于海洋方面的法律主要有《海洋环境保护法》《防治船舶污染海域管理条例》《海洋倾废管理条例》等。《海洋环境保护法》是我国的保护海洋环境的专门性法律,在实践中对海洋的保护起到了重要的作用。但同时它也存在一定的不足:《海洋环境保护法》中规定,海洋环境污染的管理体系机构体系是国务院环境保护部门、国家海洋部门、港务监督、国家渔政渔港监督管理机构、军队环境保护部门,如这些管理机构虽然都明确规定了各自的职责,但是在执法过程中,还是会出现两个部门交叉管理的现象,不利于提高管理的效率。

噪声污染是指环境中的噪声超过国家规定的环境噪声污染标准,严重影响人们的生活和学习的现象。环境噪声污染造成的危害是很严重的,轻则影响人们的生活和学习,重则影响人们的健康。我国在环境噪声方面的法律有《环境噪声污染防治法》。

《环境噪声污染防治法》立法方面还不够完善,导致生活中环境噪声问题仍然频繁出现。关于落后设备的淘汰制度,由于缺乏相应的监管措施,法律落实不到位,有些地方落后的设备仍在使用,而周围的居民采取隐忍的态度,也是环境噪声污染严重的一个原因。

固体废物污染,是指人类生产、生活过程中排放到环境中的固态、半固态的污染物。固体废物堆放在环境中对环境造成的危害是很大的,挤占环境空间,同时还发散污染性的气体和污染性的粉尘对居民生活环境造成影响,同时固体废物也对土壤造成污染,会降低土壤的质量。我国在固体废物污染方面的法律有《中华人民共和国固体废物污染环境防治法》。这部法律在防止固体废物污染、保护环境方面起到了很大的作用,但是仍然存在不足之处,需要进一步予以完善。

第一,关于固体废物排污收费制度的规定,收费的标准偏低、收费的项目偏少,对排放固体废物到环境中的行为起不到遏制作用。

第二,没有建立起固体废物的回收再利用制度,建立固体废物的回收再利用制度,是从根本上减少固体废物的产生,并且废物再利用也节约了自然资源,实现了自然资源的可持续利用,同时也保护了环境。

2. 执法方面

从执法方面看我国环境保护机制的不足，我国环境法的实施主要依靠政府的行政权力对于环境污染的干预和监管，而不注重依靠民间力量去进行监督，依靠政府的行政权力对污染企业进行制裁，往往形成先污染后治理的局面，或者形成政府查处关闭一些环境污染企业后一段时间，这些企业又死灰复燃，重新生产，继续污染环境的局面，因此单单依靠政府的行政权力去保护环境，显然是不够的。

执法主体，根据法律规定，我国环境行政行为执法的主体必须具有几个方面的条件：

一是环境行政执法的主体必须是组织而不能是个人。个人是不能进行环境行政执法的，即使个人进行环境行政执法，他也是代表他所在的组织执法。

二是环境行政执法组织的成立必须具有一定的法律依据。不是任何随便成立的组织都有环境执法的权力，只有依法成立的环境执法组织才有执法的权力。

三是有比较具体的环境执法职责。

四是环境行政执法组织必须能够对自己的执法行为承担责任。在实践中，仍然出现一些没有行政执法资格的个人组织进行环境行政执法，不仅在公众中造成恶劣的影响，而且还增加公众与政府的对立情绪，不利于社会的稳定，同时也干扰了环境行政执法的正常进行。

执法的方式，环境行政执法方式可以分为环境行政处罚、环境行政许可、环境行政强制执行、环境行政奖励、现场检查。我国的环境执法部门在进行环境行政处罚时，往往态度粗暴，容易激起对方的对立情绪：往往处罚过后便万事大吉，没有及时进行处罚后的督察，陷入处罚之后污染仍然存在的局面；行政处罚的数额仍然偏低，对造成污染的企业起不到警戒作用；违背一事不再罚原则，对其进行重复罚款，或者违背两罚处罚原则，只对污染企业整体处罚，而不处罚企业主要负责人。环境行政处罚方面存在的这些问题，使我国环境行政执法在环境保护方面没有充分发挥作用。在环境行政许可方面，没有把竞争机制充分引入环境行政许可。

在环境行政强制执行方面，环境行政执行主体往往粗暴执法，忽视了对公民基本权利的重视，引起公众的反感和敌对情绪，不利于执法目的的实现。并且普遍存在越权执法的现象，不仅不利于环境保护和污染的防治，而且往往事与愿违，造成恶劣的影响。环境行政执法机构的现场检查执法方式，在现实中，往往表现为环境污染企业临时弄虚作假应付检查，而环境行政执法机构则往往流于检查的形式，不重视深入调查本质，从而造成污染企业瞒天过海，继续污染环境，而执法部门自以为已经尽到职责，导致环境污染屡禁不止。

3. 司法方面

（1）从环境民事诉讼角度谈

环境污染民事诉讼的诉讼时效，法律规定为三年。但是我们知道环境污染侵权不同于其他的侵权事件，环境污染事故具有累积性、长期性的特点，环境污染事故的结果有可能不会在短期内显现，有的需要经过几十年才能够显现出来，有的上代人造成的环境污染，结果在后代人身上显现。所以，环境侵权民事诉讼的诉讼时效规定为三年不利于对环境受害者的保护。

（2）从环境行政诉讼角度谈

①环境行政诉讼的诉讼时效是三个月，从知道行政机关作出具体行政行为之日起。这个诉讼时效太短了，不利于行政相对人提起行政诉讼。

②在环境行政诉讼中，先是行政诉讼相对人即环境污染的责任者提起行政诉讼，环境污染的受害者随后提起民事诉讼，要求造成环境污染的责任者赔偿受害者的损失，这样就增加了诉讼的成本。

（3）从环境刑事诉讼角度谈

①在审判实践中对严重危害社会的环境污染行为依照本条定罪的情形不多，究其原因在于刑法对环境污染行为的定罪标准不明确。定罪标准不明确的原因是多方面的：环境污染直接造成人员伤亡的情形不多有关；对公私财物的损害往往具有公共性，受害主体分散：国家对环境污染的行政执法较随意，对于构成犯罪的环境污染行为不及时向公安机关移送。

②在对环境污染犯罪司法实践中缺乏针对环境污染受害者的特别保护，没有专门的司法机制来保障被害人的利益诉求。

③运动式执法和环境污染屡禁不止的原因，在于没有环境监督部门人员因为大型的环境污染被追刑责，没有这种刑事上的压力，环境监督部门就不会真正重视环境的污染防治。而现实中出现的以行政处分代替刑事渎职犯罪追究的现象，无疑进一步导致了环境监督部门对环境污染防治的轻视。

结合医学标准和损失评估可以对环境污染犯罪的定罪予以明确。从人身伤亡的角度，可以规定环境污染造成一人以上患癌症或者死亡（当然这里需要环境污染是患癌症的主要致病因素），或者环境污染造成三人重伤或者人体主要功能的丧失或者转化为慢性不可治愈的疾病。从公私财物的损害的角度，可以规定环境污染造成直接经济损失达三十万元以上，间接损失达九十万元以上的，或者环境污染造成对大气、水体和土壤的破坏：对大气的破坏应是造成一百人以上的疏散；对水体的污染应是造成五百人以上（或者造成一个以上的行政村或社区）的饮水困难超过五个小时的；对土壤的污染应是造成土壤的功能丧失，不能恢复长达三个月以上的。

当然，达不到以上标准并不是一律不能定罪。第一，当主体的环境污染类似行为被行政机关处罚两次以上的可以定罪，或者该污染行为造成的污染后果达不到以上标准，但是有其他恶劣情节的，也可以予以定罪。第二，在对环境污染犯罪司法实践中缺乏针对环境污染受害者的特别保护，应该建立专门的司法机制来保障被害人的利益诉求。

在司法方面看我国环境保护的不足，环境侵权民事诉讼的诉讼时效是三年，而由于环境污染行为本身的特殊性，环境污染事件结果通常具有累积性、长期性，环境污染造成的损害后果不可能马上显现出来，有可能在污染行为发生几十年、上百年后污染行为的后果才能显现，这样就给环境污染责任者提供了逃脱法律制裁的借口。

（三）我国环境保护机制的不足

除去法律层面环境保护机制的不足，我国公民环保意识不强，一味地追求经济利益最大化，过度向环境索取，而不惜以破坏环境和生态为代价，忽略了环境生态的重要作用。我国公民普遍对环境保护的重要性认识不够，不能在日常生活中自觉履行环保意识，对于环境污染的企业也没有起到监督的作用。

我国的各种企业是造成环境侵权的主要主体，企业在生产过程中，为了追逐利益的最大化，降低生产成本，就不惜向湖泊和河流排污。随着城市里面土地价格的飙升，寸土寸金，房地产开发商往往选择以最小的成本来获得土地，就采用填湖建楼的方式。而政府部门对他们的罚款往往只是他们以破坏环境来获得利益的极小一部分，所以政府部门对他们的罚款往往不起任何作用，这类企业仍然我行我素地破坏环境。

生态环境部门对污染企业的惩处力度不大，执法不严，责任落实不明确，没有形成环境保护的长效机制。生态环境部门对污染责任企业污染环境的行为只在事后处以罚款，并没有对其事后治理环境污染的行为进行监督。环保部门这种只罚款不监督治理的行为导致污染环境的现象依然存在。又由于当地政府部门只重视经济总量和经济增长速度，从而对环境污染企业纵容和袒护，使污染企业得以长期的存在和发展。

我国长期形成的以经济总量来衡量官员政绩的观念，也导致了当地政府领导只重视经济的增长，而不重视环境生态的保护，先污染后治理的现象广泛存在，上级对环境污染的专项拨款也被用来发展经济，而不用于对环境生态的保护。

没有充分发挥民间环保组织的作用，民间环保组织在我国环境保护中起着重要作用。在环境保护的宣传方面，民间环保组织比政府环保部门更能有效地组织对民众的宣传活动。由于民间环保组织的成员均来自民间，与民众有着天然的联系，在宣传环境保护知识，号召民众学习环境保护知识方面，比政府环保部门更易于与民众接近，从而达到好的宣传效果。同时民间环保组织成员来源广泛，只要环保组织中的成员在日常生活中坚持环保理念，从身边的小事做起，就能带动周围的人，在生产、生活中遵守环保要求。由于民间环保组织本身的特点，比如灵活性强，对污染环境企业的监督更及时有效。

在我国还没有一种有效的环境保护制度，再加上环境受害人维权意识不强，在环境污染事件发生时，当事人大多选择沉默和容忍。当事人的沉默和容忍会无形中助长环境污染责任人的气焰，使环境侵权行为人更加毫无顾忌。这就造成我国的环境侵权现象越来越严重。

第五章 可持续发展的基本理论

可持续发展是世界各国永恒关注的议题。只要人类生命不息，发展就与人类的命运紧紧联系在一起，人类要想永远地繁衍下去，就要与大自然和谐共处，与社会协调发展，那么可持续发展是人们唯一的选择。虽然可持续发展是世界各国的共识，但在执行效果上并不理想，人类的发展不能只顾自己，还要考虑后世的人们，因为这是当今人类的责任与义务。

第一节 可持续发展理论的产生与发展

一、可持续发展的起源与演变

可持续发展是一种使命担当，是各个国家最有利的角逐条件。国家要想在复杂的国际环境中发展自己、保存实力，可持续发展绝对是不可或缺的优势，不管国家是否自愿选择这条道路，他们都已经处在这种环境下，跌跌撞撞地走上了可持续发展之路。

工业化伴随人类成长的两个世纪里，科技水平越来越高，人们在这一阶段获得的利益越来越丰厚，这就大大加剧了对自然界的破坏，世界人口、资源、生态问题越来越突出，这是人类不敬畏自然的结果，几乎每个国家都有这样的矛盾，这种状态也会长时间伴随每个国家的成长。

庆幸人类的觉醒并不太晚，也逐渐接受了这一现状并积极想办法解决这一困境。最终，人类找到了解决措施——可持续发展，这是全新的理念，是思想的探索，也是思维的改变。

可持续发展思想不是横空出世，它的形成是有一定原因的，这个思想是人类提出的，人类是社会的一分子，所以它是在社会发展中形成的。从这个思想中可以看出，人类是想和自然界和平共处的，最大的体现是人们抛弃了以前的陈旧观念，选择了一条光明的道路。

人们发现可持续发展思想在古代也被提及过，例如，中国老子提出的"天人合一"思想，到近代社会德国思想家卡尔·马克思提出的"人同自然界完成了本质的统一，是自然界的真正复活"思想，虽然文字不一样，但它们想要表达的意思都是一样的，只是每个时代的表达方式不同而已。

可持续发展观是在现代提出的，人们在遇到困难的时候努力尝试思考、用思想指导实践，再一步步作出改变，最终找到解决办法，它已经成为全球发展的主旨，它被肯定的过程也不是一帆风顺的，回顾它的历程，人们可以了解全世界对它的探寻。

（一）可持续发展的定义与争议

何为可持续发展？很多研究者和专家从社会各个方面根据自己的理解来定义可持续发展，这些定义中有宽泛的概念，也有详细的解释，针对它的论文更是层出不穷，随着可持续发展思想越来越被人们所熟知，研究它的人也越来越多。迄今为止，针对可持续发展思想相对权威且使用最多的是"布伦特兰定义"。

1987年的《我们共同的未来》报告中首次明确了可持续发展的定义：在满足当代人需求的同时，又不损害后代人满足其需求的能力的发展，也被称为"布伦特兰定义"。对这个定义的解读是：人与自然的矛盾非常尖锐的时候，人类需要找到另一种途径来缓解人与自然的矛盾，这个途径不仅能在若干年内发挥它应有的作用，甚至在未来都要发挥它决定性的作用。

有的研究者认为这个定义具有明显的局限性，还有些抽象化。程东海对此有一些新的看法，他认为："布伦特兰定义"没有涉及人与自然的关系，它只强调了当代人与后代人的关系，而可持续发展的基本目标就是要实现人与自然的协调发展；"布伦特兰定义"忽视了当代人之间的关系，只注重上下两代人的关系，阻碍可持续发展的主要原因是当代人之间不平等的关系。

程东海认为"布伦特兰定义"没有为解决不平等的国家关系提供解决的办法，也没有全面反映可持续发展的内涵，还是应该把它归类到传统的发展观层面。

（二）可持续发展成为全球共识

2015年，可持续发展思想演进历程上迎来了一件里程碑意义的事件，或将改写人类未来。

2015年的9月25日是值得人类铭记的日子，在这一天，联合国可持续发展峰会发布了《变革我们的世界——2030年可持续发展议程》，该议程旨在促进人类与自然的协调发展，改变人类经济发展的方式，参与讨论议程国家的数量非常庞大，包含

193 个会员国，它的发展目标涉及 17 个领域的 169 个具体问题，成为全球可持续发展的纲领性文件，也标志着全球可持续治理踏上了新征程。

这项议程又新设立了 17 项目标，目的是应对社会经济发展、社会的包容性与环境方面，这个议程有望在将来十五年内发挥积极的作用。同时议程倡导全世界团结起来，在社会关注的重要领域里承担自己的责任，为世界可持续发展作出贡献。各国也应该努力消除本国的贫困问题，在不损害大自然生态环境的同时发展本国经济、着手解决人们关心的民生问题。

可持续发展观从人类环境意识觉醒到逐渐成为全世界的共识走过了将近五十年的历程，这期间有迷茫、有困惑、有质疑还有改变，这一路走来非常不容易，经历了很多坎坷，但面对这么艰巨的问题，人类只能迎头而上，毕竟没有时间容人类等待了，这无疑也是解决人类困境的最好办法。

二、面对可持续发展困境的反思

工业化进入到 20 世纪 50 年代后，社会中被忽视的问题一一显露出来，人们开始认识到工业的发展程度已经严重阻碍了人类发展的进程，在哪里打开突破口、怎么走出当前境况是人类急需解决的问题，因此，找到永久的解决办法是 21 世纪各国面临的共同问题。

21 世纪的人类必须进行自救，人类步入工业时期，生产力发生了质的改变，大机器取代了人力生产，人们向社会和自然的索取也越来越多，自然资源被人类毫无忌惮地使用到经济建设中去，于是产生了非常严重的环境问题。人们不知道怎么把经济建设与环境治理问题有机地结合起来，经过长时间的共同努力，人类想出了可持续发展这个策略，这是人类面向未来的必经之路。

世界经历了什么以至于人类发出那样的呐喊？我们可以从《2015 世界可持续发展年度报告》披露的一组数字了解人类的处境。

（一）人口困境

按照可持续发展的年度报告，全球平均每年新增人口数量达 8500 万人，这样的增速水平人类并不感到吃惊，随着时间的增长，人口增加是必然，特别是步入工业化社会以来，人口在无休止地增长。增加了这么多人口，那么相对应的粮食、水、电、耕地这些必需品就必须配备，这样一来，就消耗了很多自然资源，新增人口也会污染环境，地球的压力是可想而知的。

（二）资源困境

20 世纪的一百年里人类大量消耗地球上的资源，其中化石能源人类就消耗了 2500 亿吨，有色金属人类总共消耗了 392.4 亿吨。地球的资源是有限的，在人类消耗的同时还要向人类提供资源保障，在 21 世纪，地球必须缓解人类带来的压力。

（三）环境与生态困境

人类在地球上留下的痕迹太多了，已经远远超出了地球的承受能力。根据报告来说，1970—2007 年这 37 年间，地球的生物多样性已经下降约 30%。生物多样性的下降表明地球的生态种类减少了，这又给本就脆弱的地球带来了严重的冲击。

（四）社会困境

两次世界大战都在 20 世纪这个时间段发生，在这一百年里还发生过很多次局部战争，频发的战争夺去了 2 亿人的生命，使 15 亿多人沦为难民。在伴随战争的同时，自然灾害频发，达到八级震级的地震有九次，霍乱和流行病接踵而来，到现在也是世界难题，这些都是不可逆转的困境。

随着时间的推移人们进入了 21 世纪，人类面对的挑战将会越来越艰巨，针对人类面对的各种困境，希望人们不要放弃解决困难的决心，要以更包容的心态迎接各种挑战。

第二节　可持续发展理论的基本内涵与特征

可持续发展思想作为一种新的发展理论，是人类社会发展的必然选择，是符合人类社会发展的客观规律的一种科学理论，笔者在本书中就从可持续发展的内涵以及对它的哲学反思来对可持续发展思想做简单的阐述，以此来使人们更正确并深入了解可持续发展的相关方面。在保证自然可持续发展下促进人类可持续发展。促进人类社会和自然和谐共处，走出一条真正的可持续发展道路。

一、可持续发展思想的含义

在 1987 年《我们共同的未来》中提出：可持续发展是指既满足当代人的需求，又不对后代人满足其需求的能力构成危害的发展，这是被我们大家普遍接受的概念。可持续思想包括三个方面的内容，即自然可持续发展，认为人类的发展必须与地球的承载能力保持平衡，人类的所有活动必须在地球的承受范围内，它是可持续发展的前提；经济持续性发展，在保护环境，不破坏生态的情况下使经济发展获得最大利益，它是实现可持续发展的基础；社会可持续性发展，人与人之间以及与后代人之间，资源能够被合理地分配利用，它是实现可持续发展的动力和保障。

二、可持续发展思想的哲学思想

（一）物质与意识的辩证关系原理

马克思辩证唯物主义认为，主观世界是客观世界的反映，世界是物质的，物质与意识是辩证统一的关系。物质决定意识，意识是人脑的机能，意识是客观世界的主观映像，意识具有能动性，正确的意识会促进客观事物的发展，错误的意识会阻碍客观事物的发展。物质与意识的辩证关系是可持续发展思想提出的重要哲学依据，首先这一思想的提出是根据中国目前的发展实际情况，再次，这个思想的提出和以前相比得有创新之处，是真正适合我国发展的道路，能够有效指导我国各方面有效健康地发展。通过实践证明，这一思想是正确的，能够推动我国更好地发展。

就目前我国国情来看，中国人口数量庞大，资源紧缺，同时资源浪费比较严重，利用率较低，人与人之间和人与环境之间的矛盾尖锐。可持续发展这一思想正是在这一客观情况下提出来的，是基于中国的"高消耗，高投入，高污染"的发展道路提出来的一种新的发展观念，人们将它作为理论指导，在实际的生活中积极地实践着，这一发展指导思想的提出改变了中国以往的旧的发展道路，逐渐将各项发展模式转向"低消耗，高效益，低污染"这样一种发展模式。

（二）人与自然是辩证统一的关系

马克思说："思想根本不能实现什么东西。为了实现思想，就要有使用实践力量的人。"因此，可以看出，一方面，人与自然是相互联系、相互依存的，人类的劳动都必须在自然环境中进行；而另一方面，在人与自然的关系中，人类处于主动地位，人能够发现、认识、掌握并利用自然规律，但是同时人类必须按自然规律办事，不能违背自然规律，一旦违背了它的规律人类便会受到大自然的惩罚。

可持续发展的提出，一方面充分体现了自然界对人类生存发展的重要性与必要性，同时，又体现了人在自然界中具有主导作用，在最大程度尊重自然的同时，推动人类的长远发展。可持续发展思想的提出正是基于人与自然是辩证统一的这一原理，体现的是人与自然相处的和谐状态。按照这一思想，人类自然会得到保护的同时，人类也必然将有更好的发展。

（三）物质世界永恒发展的原理

唯物辩证法认为，一切事物都处于运动变化发展之中，历史上的任何东西，在某一阶段中，都有其存在和发展的理由，但随着某些外部环境的变化，又会丧失其当时存在的根据和理由。发展的实质是新事物的产生和旧事物的灭亡，新事物是对旧事物扬弃的结果。但任何新事物的发展壮大并不是一帆风顺的，它的发展是前进性和曲折性的统一，前进性是在不断地曲折、各种迂回或者一时的倒退中实现的。

可持续发展这个思想并不是一开始就存在的，它的提出是经过一定的过程，在这个过程中，我们提出了许多与以前的发展不同的发展模式，最终经过各方面的斟酌，提出了新的发展观——可持续发展。以前的只以满足人的利益而肆无忌惮地以牺牲环境为代价的发展观现在已经逐渐被可持续发展观取代，人类中心主义渐渐退出舞台，更重视人与自然的和谐共处，从以前的"人类中心主义"的发展观到现在的可持续发展观，是符合客观规律、历史发展趋势，是经得起历史发展考验的。

可持续发展是当代发展的一个优良的模式，是人类追求美好生活的一种选择，反映了对人与自然和谐发展的真切向往和辩证思考，可持续发展思想的提出有着深厚的哲学根基，可持续发展既关系到人类现实的生产活动，也关系到社会的稳定发展和人类的可持续发展，可持续发展是我们未来每一代人都必须正视的问题，我们应该从当下做起，在开发自然资源和进行环境改造时，要尽量不做到破坏大自然，做到人类和自然可持续发展。

三、可持续发展思想的基本原则

可持续发展的基本原则包括公平性原则、持续性原则和共同性原则。主要是依据《我们共同的未来》报告，里面阐述了可持续发展的基本原则，这是国际社会比较认可的说法，其中每一个原则都富有深刻的内涵，并可以用它们来指导其理论，还可以指导其实践。

（一）公平性原则

公平性原则包含代际间的公平和当代人际间的公平，第一个公平是指在当代人使用自然资源的同时也要为子孙后代保留下一代的自然资源，当代的资源不要全都用光了；第二个公平是指一些掌握资源甚至是垄断资源的个人和发达国家不要只顾自身的利益，要适当考虑普通民众和发展中国家的利益，他们有追求幸福生活的权利，资源控制者不要吝啬，还是要把机会留给别人一些。

（二）持续性原则

人类发展要懂得适可而止，在已经满足需求的情况下，可以适当放慢发展的速度，在社会发展中，人类有这样那样的需要，有最基本的需要，也有超出基本需要的需求，一旦这样的需求越来越多，发展就不可控了，就不能持续地发展了；还有，人类要适当限制自身的发展，人类运用先进技术开发资源影响了大自然生态，生态破坏是不可逆的，它能够从根本上限制人类的发展，影响人类的命运。

（三）共同性原则

每个国家在经济发展中都有不同的情况，每个国家运用的经济发展模式也不尽相同，有适合国家发展的道路，也有不适合国家发展的道路，最重要的是，我们在选择的时候要结合本国的实际情况，选择最合适的道路，这样才能对国家发展起到积极作用。对于可持续发展来说，人们站在共同的立场上，有共同的利益选择，因此它们的一举一动都会影响这个思想的实施，国家站在不同立场的时候，不要对别国指手画脚，要尊重其他国家的意愿，共同铸就国家间的信任。

（四）质量性原则

社会在进入高速发展阶段后，人们的需求发生了改变，人们不再满足于获得基本的生活需要，人们想要高质量的生活，这是人类发展史上的必经阶段，如何能获得高质量的生活，人们在可持续发展思想中找到了答案，其实这个思想本身就包含了这层含义，质量性是今后国家发展的必然属性，它代表了一个国家发展的标志。

1.能够改善人类的生活质量

人在发展的过程中大脑变得越来越聪明，变得越来越自信，发展可以实现人们的愿望，满足人们的期望，只有发展才能改变人类、改变社会，让人们的生活水平得到极大的提高。

2.能够保护生命的自然基础

发展经济并不阻碍人类保护环境，经济和环境是相辅相成的，这两者并不是天生的敌人，只是有的人总是以牺牲环境来发展经济，好像两者不能同时存在一样。其实不然，人们可以换个角度想想，环境保护好了，经济发展也可以得到好处，例如乡村旅游，这就是用环境来促发展。环境好，人们当然愿意去消费，也可以带动当地的经济，增加收入。

第三节　可持续发展理论的指标体系

联合国可持续发展目标（SDGS）是 2030 年可持续发展议程的核心内容，全球可持续发展指标框架以此为基础，用多领域指标监测可持续发展进展 OSDGS 通过后，各国都将其作为自身经济社会协调发展的重要指导，中国政府也将其上升到战略层面，并与国家"十三五"规划等实践路径有机结合。

然而，SDGS 的评价主体是全球和区域进展，对于可持续发展程度各异的国家进行统一评价并不适用，亟待研究一套适合于中国情况的评估体系，一方面形成国内可持续发展各领域的综合现状评价，摸清基本情况；另一方面形成对 SDGS 评估的对标，以促成 SDGS 各项目标的落地。基于此背景，重点分析了全球可持续发展指标框架的出台过程、概念框架以及评估应用中的具体问题，以中国落实 2030 年可持续发展议程为基础，以可持续发展强调的经济、社会、资源环境的协调发展为理论支撑，对比 SDGS 的各项目标和具体目标，构建了一套适用于中国国家层面可持续发展进展评估的指标体系，旨在形成对中国落实联合国 2030 年议程的评价指标建议。选择 2012—2016 年为研究期，综合运用层次分析法、专家咨询法构建了针对民生改善、经济发展、资源利用、环境质量综合评价的指标体系，同时与 SDGS 评价目标相对应。

评价结果表明，可持续发展的总得分在研究期内均保持增长的趋势，可持续发展的总体态势始终得到改善。总分增长较快的年份，资源环境质量改善的得分也较高，其中贡献率较大的主要是与能耗和污染物排放下降相关的指标，通过现状评价明确了发展的薄弱环节，形成了 SDGS 框架下适用于中国评估的指标建议。

一、可持续发展全球指标框架解读

为动态监测 2030 年议程实施情况，IAEG-SDGS 制定了一套评价指标框架（可持续发展目标和 2030 年可持续发展议程具体目标全球指标框架）。

可持续发展全球指标框架主要由 3 级指标构建。2030 年议程提倡的 17 项项目对应 1 级指标，其中的 169 项项目对应 2 级指标，这两个指标反映经济、社会、环境三个方面：首先在经济上，人类不要过度发展经济，陷入经济恶性循环；其次社会方面，社会的发展不是一帆风顺的，要适可而止；最后重点说说环境方面，环境好比是人类的氧气，谁都不想生活在恶劣的环境中，环境好心情也会好，如何让三者融合发展是人类的夙愿。3 级指标的功能是进行数据收集、评价，并按照 8 个不同群体为依据开展工作。

指标共 232 个，根据指标和数据本身的完善程度，可将指标分为 3 类：第 1 类指标概念明确，有广泛认可的评价方法和标准，也有相应的统计数据 93 个；第 2 类指标概念明确，有广泛认可的评价方法和标准，但数据不完善或不定期发布 72 个；第 3 类指标还没有国际广泛认可的评价方法或标准，但正在制定当中的 62 个，此外还有 5 个指标由于涉及内容的差异分属于不同类别。

从数据和指标来看，2030 年提出议程目标实施情况不太顺利，按照当前的实施进度，想要完成这个目标是有很大阻碍的。首先是发展不平衡，以城市举例，城市有特大城市、大型城市、中型城市和小型城市之分，特大型城市和大型城市经济发展良好，但两极分化非常严重，优质的资源都集中在这两个类型的城市，人口众多，机会也很多；其次是从年龄层面来说，中年及以上群体拥有较多的资产，包括现金、房产和其他形式的资产，青年人储蓄能力不强，几乎都是月光族，手里没什么钱，更别提房产之类的有形资产，主要原因是近年来生活成本上升，工资的收入赶不上成本的支出，比这还严重的是，当今世界还有很多人的温饱问题没有解决。

针对极端贫困人员要及时给他们提供帮助，教他们自给自足，只有自足了，才能发展本国经济；针对工薪阶层，国家要加大社会保障力度，增加低收入阶层的收入。只有进行真实的评价，才能找到症结所在，并根据现状制定措施，保障目标有序向前推进。

二、中国可持续发展评价指标体系构建的探讨

（一）可持续发展全球指标框架的特点

2030 年议程目标评价考察可以运用全球指标框架评价指标，它坚持的宗旨就是用客观的眼光来评价现状水平、改善程度以及距离议程目标的差距这三个重要环节。

2015 年开始运用可持续发展行动网络测量各个参与国对目标的执行情况，这个数据可以让 IAEG-SDGS 清楚地了解到参与国执行过程中出现的问题，以及可以及时沟通并指正，参与国也可以对这个指标提出自己的看法，如果有不同意见可以互相交流、互相学习，毕竟每个指标都不是那么完美的。通过不断的实践探索，在之前的 17 项目标下分别建立二级评价指标，并于 2017 年对 157 个国家进行评分，并将结果总共分为四类，那些不易于使用的指标用数学平均计算法来计算。

现在，对中国评价的一级指标总共有 94 个，里面包含了 17 项目标、73 项具体的目标，针对中国的评价要结合本国的实际情况，不要通过指标盲目定义落实程度。中国对全球目标的发展有非常大的贡献，坚定地执行了可持续发展目标议程，但是我们也要看到中国在落实这项议程时的不足之处，只有全面分析各个国家的实际情况，才能更清楚地了解到每个国家的真实情况，同时为评价指标立足本土国家提供有利条件。

（二）全球指标框架评价中国可持续发展目标进展的主要问题

IAEG-SDGS 就中国使用指标的情况进行了分类评价，主要内容有四类：第一类与中国统计数据相吻合，数据也是非常可靠的，这类指标在中国可持续发展评估时可以直接使用，不用再更改指标；第二类与之不同的是，统计指标不一样了，但指标可以与目标对应上，而且指标解释是相似的；第三类指标获取比较困难，因为它属于学术研究方面，这些数据是不易从现有国家统计体系得到的；第四类指标是特别的，它是中国为实现目标作出的积极贡献，这些贡献还没有相对应的指标，需要后期进行补充。就针对中国的评价指标来说有好的一面，也有不尽如人意的地方，比如，有的指标期望太高，现实与愿望有一定差距。

（三）构建中国可持续发展评价指标体系的主要原则

构建中国可持续发展评价指标体系要以 17 项目标为原则，经济、社会和环境这三个领域缺一不可，因为是它们构成了可持续发展思想的体系，针对评价指标体系，要在"自上而下"的框架下，找到这三个领域的共性，从整体层上把握发展方向，认真监督中国实施目标的情况。

对于中国可持续发展评价指标体系，主要以层次分析为指导，共设计了两个评级指标。一级指标对应经济、社会、环境三个领域，主要是考察环境质量、资源利用两个方面，操作的时候要对它们分别进行评价，因为两个指标的效果是不一样的，环境质量指标绝大部分是改善型指标，资源利用绝大部分是负面指标；二级指标对应 2030 年议程中的 17 项目标，主要是评价目标的现阶段落实程度。

三、中国可持续发展评价指标体系

（一）指标数据来源

基于全球评价指标评估可持续发展目标和具体目标的落实情况，核心是具体指标数据的来源问题，数据需要具备易获取、来源可靠、定时发布、准确反映变化情况等特征。同样地，中国可持续发展评价指标体系中的数据来源也应满足以上要求。

（二）指标权重设置

由于各指标对评价目标的重要性并不一定完全相同，常用权重差异解决这个问题，不少研究表明采用不同的权重计算方法会影响最终评价结果，权重实质上表征了每个指标对于最终目标的重要性大小。可持续发展评价涉及内容众多，指标繁杂，一级指标的选择依据的是经济增长、社会完善、资源环境状况改善对可持续发展的支撑，同时一级指标还对比了 SDGS 目标和部分具体目标。从这个角度上来讲，将一级指标赋予相同的权重，依据是 2030 年议程所强调的经济、社会、环境是一个不可分割的整体，二级指标在一级指标下赋予权重，指标越多则每个指标的权重相对越小。对于指标体系中选择的等权重的计算方法，与算术平均的思想是一致的。一级指标等权重，主要是基于经济、社会、资源环境对可持续发展的共同支撑，二级指标继续采用等权重的思想，是考虑到指标数量较多，每一个二级指标的改善对于总体情况的改善都是正向的，对于整体得分的提高有相互替代性。事实上也有学者进行几何平均的权重处理，结果会扩大指标之间的差异，情况越差的指标对于整体得分的影响越大，这种办法对于揭示指标之间的差距效果较好。如果想要评价结果准确，那么设置合适的权重和选择适合的评价方法无疑是最好的选择。

（三）无量纲化处理

无量纲化处理方法是我们常用的处理方法，学界常用的线性无量纲化方法是：功效系数法、归一化法、极值法、向量规范法、标准化法、线性比例法等。

据相关研究表明，使用不同的评价方法，在一定程度上会影响评价结果。

第四节　中国实施可持续发展战略的行动

一、生态森林培育可持续发展路径

近些年来，可持续发展战略成了社会发展的主要导向，森林资源是我国重要的可持续利用资源，对人们的工作和生活都有较大的帮助，因此森林培育成了林业工作的重要内容。但在近些年来，森林培育工作的质量较低，相关的工作人员缺乏一定的工作经验，培育意识落后。因此，在对森林进行培育的过程中，相关的工作人员要掌握一定的培育技术，及时革新培育理念，做好培育的准备环节，对森林培育的管理要不断地强化，完善管理制度，提高森林培育工作的质量。

森林培育工作是植树造林过程中的工作重心，对森林成活率有着较大的影响。树木的选种、幼苗的栽种、树苗的种植和培育等，在森林培育工作中占据着重要的地位。由于工作的复杂性以及长期性，使得森林培育工作较为困难，也需要相关的工作者投入较多的时间和精力去进行管理和培育，森林培育工作的价值也是其他工作无法等同的。因此，在进行森林培育的过程中，相关的工作者以及管理人员要不断地完善培育工作的制度，提高工作人员的培育技术，将森林培育工作的整体质量进行提升，促进森林资源的可持续发展。

（一）森林培育工作中遇到的困难

1.我国森林的整体质量较低

随着近些年来我国植树造林的项目不断推进，森林面积相较之前有了极大的提高。但是森林资源却相对较少，加之我国的人口数量较大，人均资源较少，我国的森林资源分布不均匀，主要的森林资源都在我国的东北部地区。此外，加上森林的质量并不是十分优秀，这就使得森林竞争力度并不强。而在近些年来，随着我们国家的积极推广，林业中植树造林成了主要的森林资源。

2.森林的培育工作较为落后

从我国目前的整体森林资源来看，对于幼林的重视程度较低，很多森林培育工作者对于幼林没有投入较多的精力，对森林的管理也十分落后，相关的工作人员对培育工作没有较多的认知，对培育工作的重心并不是十分了解，对树木的砍伐以及培育时间没有较好的把握，这就造成了森林质量较低，森林得不到可持续的发展，森林资源受到了较为严重的损害。

（二）可持续发展背景下提高生态森林培育工作的途径

1.提高培育幼苗的技术

森林培育工作的重心是对树木幼苗做好一定的培育工作。第一步要先对树木的种子进行处理。由于培育的时间不同，对种子的处理方式也有一定的不同。因此，相关的工作人员要根据培育的季节以及培育的时间对种子做好处理，对不同品种的种子进行分析，找出适合种子生存以及储藏的温度和条件，对种子做好预处理，方便之后育苗工作的进行。第二，在对种子做好处理之后，还要对肥料进行合理的挑选，控制肥料的用量。在种子的培育过程中，肥料的合理运用可以在较大程度上促进幼苗的生长，对于幼苗成长为苗木的过程有一定的推动作用。如果对于肥料的用量以及肥料的品种没有过多的分析，随意使用，可能会造成幼苗的死亡，对培育工作来说极为不利。因此，在幼苗成长的过程中，要对苗木的成长情况以及生长环境做出正确的分析，合理选择苗木的肥料品种以及肥料的用量，最大程度提高苗木的成活率，提高森林的质量。此外，还要对施肥的过程进行严格的把控，要严格遵照树木的实际情况进行施肥，在保证树木健康成长的前提下，将成本降到最低，相关的工作人员在分析育苗的环境之后，可以考虑实施滴灌技术，减少浪费。

2. 提升施肥技术水平

幼苗在成长的各个阶段都会呈现出不同的状态。因此，相关的工作人员要根据树木的不同状态，合理分配肥料的用量以及施肥的时间，对其进行严格的监控，确保幼苗在成长的过程中可以得到充足的肥料。对肥料进行监测的过程中，工作人员要从幼苗期间对其进行严格的监控，提高施肥的质量，以确保苗木可以健康成长。除此以外，工作人员还要对苗木的培育方式进行合理的选择，以期能够得到质量较高的苗木。

3. 科学地管理林木

在对树木进行种植后，要对树木周围的环境进行及时的清理，对枯枝烂叶、腐败的草本植物以及枯死的一些植物进行及时清理，防止出现占用过多的环境空间，导致树木的生活环境恶化，造成树木的死亡现象，保证树木生长过程中的阳光、水分等。其次，在对树木种植后，要对树木的土壤进行定期松土，确保土壤中有足够的氧气，供树木生长；对土壤的养分进行及时监测，保障树木生长。对树木的枝叶进行定期修剪，防止对树木进行定期的病虫害检查，进行定期的驱虫，流失的养料进行及时补充，出现"生长竞争"的现象。

不同地区的环境以及生态系统的不同，应根据当地土壤质量和环境，制定一套森林经营实施办法。不同树种有不同的生长周期规律。因此，我们需要不断采用各种科学的生长技术，保证它能满足整棵树不同阶段的生长需要，保证整棵树的生长质量。

4. 科学进行培育

经营技术的合理应用是指在栽种和栽培过程中，要充分遵循自然规律，运用科学的技术手段和栽培方法来管理和栽培树木。植物的自然生长发育过程与外界自然环境因素有很大的关系，如利用土地的自然养分、土壤的养分等。为减少这些树木的影响，必须合理地进行树种选择。另外土壤气候也一定会直接影响各种植物的正常生长，会对树木的培育工作产生较大的影响，例如恶劣的土壤环境可以在一定程度上增高树木感染病虫害的概率。因此，在不同地区进行树木种植时，要对地区的土壤情况进行积极的了解，明确土壤中的养分含量以及水分的含量，制定出具有针对性的树木养护方案。此外在种植树木完成之后，要对树木周围的本土植物进行分析，了解它们之间的生物性质，例如是否存在敌对的状态，对环境中已有的病虫害进行积极治疗，提高树木培育的质量，从而实现森林资源的可持续利用和发展。

森林培育工作是森林产业发展的必要环节，对于森林质量的提升有重要的意义。在进行森林培育的过程中，工作人员要不断加强自身的培育技术，对苗木的选择以及种植，森林的管理和利用等制定好方案，实现森林资源的可持续发展。

二、生态旅游产业可持续发展路径

党的十九大明确"五位一体"的总体布局，以发展全域旅游为抓手，以供给侧结构性改革为主线，加快生态文明体制改革，加快推进农业农村现代化，大力实施乡村振兴战略。随着旅游产业的发展，传统的旅游资源和生态环境遭到了一定的破坏，乡村建设过渡城镇化，给旅游产业及生态文明建设带来一定的负面影响，影响了乡村的可持续发展。

（一）旅游产业及旅游产业链概述

旅游业是指以旅游资源为依托，以旅游设施为条件，通过旅游服务满足旅游需求，获取经济、社会、环境、文化等多方面效益的综合性经济产业。旅游业的综合性说明旅游是由多元化的产业构成的，建立在一个完整产业链的基础上，旅游业的发展依托旅游产业链的构建和运行，优化产业结构，提高企业的竞争力，旅游产业链是发展旅游业、促进区域旅游经济增长的重要保障。

旅游产业融合是旅游业和其他产业或行业之间，或者旅游产业内不同行业之间相互渗透、相互交叉、相互融合，产生新的产业形态的过程。产业融合在产业价值链的价值再造、政府引导区域经济增长、企业战略管理与发展等方发挥着积极作用。传统的旅游以单一的观光旅游为主，随着社会的发展，人们对美好生活的需求日益增长，旅游业的发展由单一化转变为多元化。

（二）生态旅游产业链存在的问题

1. 基础设施建设不足

首先，交通线路和交通工具的建设不足。旅游目的地内部交通线路是游客游玩的重要交通保障，很多景区内部的道路过于狭窄，人行道和车行道路没有分离，导致旅游期间会出现踩踏事件或者人车拥堵的现象。旅游目的地的外部交通线路也非常重要，直接决定游客能否顺利到达景区，特别是外地游客搭乘公共交通，无法在短时间内到达景区。还有景区之间的交通线路和交通工具的建设不足，由于景区景点具有独立性，比较分散且相隔较远，若没有直达的交通工具，将使游客对景区产生不满意的情绪。

其次，旅游目的地的服务配套建设不完善，酒店、购物中心、大型超市等商业配套设施不足，没有夜生活街区，游客找不到娱乐和购物的场所，降低了留宿率。

最后，旅游目的地的城市建设、商业建设、公共设施不完善，导致游览、休息、住宿、就餐等不够方便快捷，公共服务设施缺失。

2. 缺少可持续发展的理念

传统旅游以观光游为主，绝大部分旅游景区在自然资源丰富的乡村，这也是全国掀起乡村旅游热潮的重要区位条件。目前乡村发展落后、人才稀少、农民教育投入不足等问题阻碍了乡村旅游发展，这也是导致乡村旅游产业发展滞后的根源。

一方面，乡村旅游业的经营者多为本地村民、村干部等，他们的教育水平有限，不管是对乡村建设和发展，还是对乡村资源和生态保护的认识都有一定的局限性，视野不够开阔，缺乏对绿色农业、资源保护以及农村一、二、三产业长远发展的统筹规划思路。

另一方面，负责农村地区旅游产业的旅游部门体制不完善，管理机制不够健全，旅游产业建设缺乏统一领导和有效管理，且没有长久发展的规划和理念，资源开发过度、占地建房，严重破坏生态环境，影响当地旅游产业的发展。

3. 区域内旅游目的地之间流动性不佳

同一区域的多个景区在空间上是分散的，这些分散的景区只能通过道路和交通完成相互之间的流动，使游客在一定时间内完成观光和体验。全域旅游，目的在于通过旅游产业促进经济的发展，使旅游业成为地区发展的支柱产业，很多地区在发展和建设旅游目的地的同时，忽略了区域内各景点之间的联系，导致区域内旅游产业链的发展不成规模，没有获得经济发展的预期效果。很多旅游目的地的产业服务类型和特色雷同，严重阻碍了旅游产业链各个节点的良性发展，形成同行业多个企业之间的恶性竞争，影响了整个旅游产业链的经济收入。

（三）生态旅游产业可持续发展的建议

1.推进农业供给侧结构性改革

2016 年年底，《中共中央、国务院关于深入推进农业供给侧结构性改革加快培育农业农村发展新动能的若干意见》发布，目的是深入推进农业供给侧结构性改革，加快培育农业农村发展新动能。

近年来，我国农村经济发展不平衡、生产要素配置不合理、生态环境破坏严重、外出务工农民数量庞大、农民收入低、农村面貌落后等问题显著，农村农业发展亟须改革。可持续发展应该以发展绿色农业为基础，提升生产技术，提升农产品产量与品质，保障食品绿色环保、健康和安全，保证农产品、旅游商品的销售与服务符合不同层次游客的需求。

2.延伸旅游产业链发展

传统旅游的"门票经济"依然是主要的经济来源，这种经营模式在很大程度上制约了旅游景区的经济发展，特别是旅游产业链中商业和新型服务产业的发展。旅游产业链的发展应该以景区景点的特色为主，带动周边产业发展，利用成型的旅游资源进行产业链延伸，可涉及旅游地产、农业观光、文化创意、科技医疗、教育、演绎等相关产业。采用"旅游融合发展的模式，加强旅游业与农业、工业、新型服务业的深度融合，从传统旅游业以外的其他产业中获取收益。旅游产业链延长能够解决区域旅游经济发展不平衡的问题，增加产能输出，产业融合是全域旅游发展的重要手段，能够打破传统各产业单一盈利模式，提高旅游业与农业的融合效率，重点是培育旅游产品制造企业，推动旅游业与新型工业的深度融合，实现旅游产业链的综合发展。

3.强化公共交通基础设施建设

公共交通设施建设是提升旅游景区经济效益的关键。公共交通主要包括民航、铁路、公路三大运输系统。游客需要通过这三大运输系统到达旅游景区，公路、铁路和民航的运输能力是推动全域旅游发展的关键。以保护生态环境为前提，从游客的角度出发，构建发达、完善的外部旅游交通系统，如公路、飞机场、高铁站、悬挂式轻轨等大型公共交通，根据游客的数量及淡、旺季情况来调整旅游公共交通的建设规模、运营时间及维护等投资成本。然后对旅游景区内部交通系统进行升级改造，方便游客全方位体验旅游项目，将游览和商业紧密结合，延长游客的行程，促进沿线旅游产业链商业经济效益的增长和企业的发展。

4. 加强信息化技术的应用

伴随 5G 时代的到来，信息化技术广泛应用于全产业链发展，大数据、云计算、智能识别系统等先进技术的应用加快了旅游产业的发展。全面推广和应用 IPV6，提升移动互联网的服务质量，实现交通、餐饮、酒店、医疗等方面的智能化发展，打造智慧旅游生态环境。旅游产业的品牌宣传和推广依托先进的互联网技术和新型媒体的应用，旅游产业的发展要遵循"以人为本，科技先行"的理念，将特色品牌打出去，从而提升旅游景区的品牌价值和商业价值。

旅游产业的可持续发展以绿色农业、产业多元化、技术信息化、生态资源合理开发、法律法规保障、可持续性规划为前提，以全域旅游为目标，以绿色农业为基础，保护有限的生态资源，优化旅游景区产业结构，促进产业融合发展，打造健康、持久的旅游产业。

三、生态农业可持续发展路径

十九大报告明确指出，要"实施乡村振兴战略"，"生态"一词成为农业农村发展的新标准。生态农业经济作为今后农业经济发展的新标杆，农业"绿色发展""生态化""可持续性"的理念被提到了新的高度。

（一）生态农业发展的基本模式

生态农业在经济发展中要坚持"生态环保、安全高效、资源节约、低碳循环"这四个基本原则；要提高农产品的质量，农产品的生产、经营、管理不能再走过去的老路，要规范、科学管理，创新农业技术，在发展绿色农业的同时要注重保护生态，农业发展坚决不能破坏环境。现在，生态农业发展模式很多，常见的有以下两种模式：

1. 循环模式

是一种按照生态系统中物质循环和能量流动的规律而设计的一种良性循环的农业生态系统。通俗来讲就是人类在生产的过程中，上个生产环节的产物可以变成下个环节的原料，废物可以循环利用，使用这种模式的好处是可以减少浪费，能够重复使用资源。

2. 景观模式

这种模式利用自然空间的层次结构，不同海拔、不同的空间环境组分，造就了不同生物种群。最大的优点是采用纵向的空间布局，节省土地，通过物质和能量的多层次转化手段，达到资源利用最大化。常见的案例如四川省的"山顶松柏戴帽，山间果竹缠腰，山下水稻鱼跃，田埂种桑放哨"、广东省的"山顶种树种草，山腰种茶种药，山下养鱼放牧"等。

（二）生态农业发展现状

受传统耕作方式的影响，我国农业一直都实行着粗放式管理模式，在一定时期内起着积极的作用。但随着我国对外开放的不断深入，依靠自给自足、靠山吃山的生产模式因其自身的弊端，加上科技含量不高，逐渐拉大了我国与其他国家的农业发展差距。为了促进新时期农业经济的可持续发展，需要转变生产观念，完善农业生产模式，促进农业生产活动的稳固发展。

（三）我国农业生态与经济的可持续发展路径

经济不断向前发展，国家社会发展战略也在不断进行调整，从注重经济发展速度逐渐向着实现经济高质量发展的目标转变，国家在新形势下对生态环境保护方面的重视程度和监管力度不断加大，为进一步加强农业经济与农业生态协调有序发展提供了重大的支持。

但是可以看到在农村经济发展过程中目前依然还存在一些不足，影响了生态环境，如何推动农业生态与农业经济协调发展，实现国家可持续发展的战略目标，成为当前摆在农业相关部门面前的一项重大研究课题。加强可持续发展视域下农业生态与农业经济协调发展的现状与路径探究，具有重大而深远的社会意义。

1.加强农业生态与经济协调发展的重要意义

随着国家经济社会发展水平的不断提高，国家也逐渐认识到生态保护、生态效益的重要性，为此提出了推动经济实现高质量发展的转型目标。农业可持续发展的重要动力是实现农业效益的持续提高，只有在生态经济大环境下加强技术、劳动要素等各类资源的统筹调配和利用，全面实现资源的优化整合和循环利用，才能更好地推动农业高效全面发展。

加强农业生态与农业经济协调发展，也有利于不断提升农民的幸福感和获得感。农业生态效益只有实现持续提升，才能更好地打造良好的循环系统。如果生态环境受到破坏，农民生活的环境发生变化，那么他们的幸福指数也会不断下降。所以积极探索农业生态与农业经济协调发展新路径，倒逼农村建设者在经营管理、协同发展、民生服务等方面进行进一步创新探索，从而更好地适应农业供给侧结构改革的新形势，全面提升农民的生存质量和幸福指数。

2.农业生态与经济协调发展探索中遇到的问题

当前在农业生态与农业经济协调发展探索的过程中依然还存在一些困境，具体表现在以下几个方面：

（1）技术扶持力度不够

无论是发展农业生态还是发展农业经济，都需要强大的技术支持。当前正处于农业产业结构调整的关键时期，所以应当加强新技术要素的融合，才能更好地实现现代化发展。但是目前生态农产品发展规模不断扩大、产品类型日益多样化与农业生产技术支撑力量不足之间存在较大的结构性矛盾，生态农产品依然没有实现精细化加工和创新营销。

另外，在相关的技术人才配置等方面也比较单薄。人才成长发展缺乏良好的环境支持，从而导致人才流失、动力不足等问题。

（2）农民文化水平和素养有待提升

农业生态和农业经济协调发展，需要依靠广大农民的全力支持，但是目前农民文化水平偏低，在农业生产以及技术的推广应用等方面科学意识不足，观念比较守旧，对市场分析研判不足，农业生态化发展理念树立不牢固，从而导致在农业生产以及农产品加工营销等方面没有始终从可持续化发展的角度来进行研究和分析，相关农村基层技术服务部门的服务指导职能发挥不到位。

此外，地方政府在农业生态化发展等方面缺乏完善的配套扶持机制，相关的考核体系也不够完善，依然比较注重对农业效益方面的考核评价和发展速度的衡量，政绩观存在偏差，在产业链战略发展等方面缺乏前瞻性和发展魄力，从而不利于推动农业生态与农业经济协调有序发展。

3. 加强农业生态与经济协调发展的路径

为了全面实现可持续发展的战略目标，积极推动农业生态与农业经济协调发展，建议从以下几个方面进行探索：

（1）加强技术要素的投入与支持

要围绕科技兴农来进行深入探索，分析目前制约农业生态与农业经济发展的问题或者因素，在科技领域不断优化创新。

一方面要紧密结合新的发展形势，优化农村投资环境，吸引更多有实力的组织到农村投资和发展，出台更多的优惠政策，开展招商引资，为农产品加工与营销以及特色农业品牌的打造提供更多的资金扶持。

另一方面要加强人才兴农战略的实施，进一步完善引进人才到农村发展的机制，加强人才规划的制定，优化用人环境，提高农业人才的福利待遇，并完善人才流动机制，从而培育出更多的热爱农村事业的高科技人才和高素质企业家。

（2）加强政策宣传引导，不断提升农民素质

政府要围绕新政策的实施进一步加强政策的宣传推广，积极运用现代信息技术为农村劳动者提供更多的信息支持，改变他们的思想观念。同时要围绕加大科技力量投入和农村队伍建设进一步为农业发展提供更多的技术指导和服务，坚持市场导向，完善政府服务，在农村产业化发展以及品牌建设等方面提供更多的指导支持。强化农民生态意识培育，引导他们积极参与到环境保护以及生态农业发展探索中来，更多地发挥聪明才智以共同推动社会主义新农村建设。

（3）强化政府推动，全面打造综合发展体系

要完善考核评价机制，将农业生态与农业经济协调发展作为综合性考核指标进行全面考核，积极将生态环境指标等作为重要的考核依据来进行评价。

同时还要坚持区域协调发展的战略导向，因地制宜，根据不同地区实际，引导农村建设者进一步拓展农业功能，培育更多的农业优质品牌，打造农业示范区，发展果蔬、肉类、粮油、药材、旅游等更多的发展项目，加快项目审批速度，注重品牌宣传，从而实现更大的效益。

总之，农业生态与农业经济协调发展需要从战略的角度基于可持续发展的视角进行深入探索和科学探究，并结合农村地区实际找出目前发展中遇到的困境进行创新完善，这样才能更好地推动农村地区实现持续高效发展。

第六章 我国主要的环境污染问题

第一节 大气污染

大气同水、土地、矿产一样，都是自然环境中可被人利用的资源，主要表现在：①大气作为资源被直接应用到工农业生产中；②大气提供了风能。

环境科学中研究的大气主要是地球上空的对流层。对流层是大气圈中最接近地面的一层，平均厚度为12km。对流层有两个显著的特点：①气温随高度增加而降低；②具有强烈的对流运动。人类活动排放的污染物主要是在对流层聚集，大气污染主要也是在这一层发生。大气保证了人和其他生物的呼吸作用。相对于食物和水来说，空气对人体的影响要直接、迅速得多。

洁净的空气是人类赖以生存的必要条件之一，一个人在35天内不吃饭或5天内不喝水，尚能维持生命，但一般超过5分钟不呼吸便会死亡。

世界上发生过的严重公害事件大多数是由大气污染造成的。

一、大气的组成

首先要区别大气和空气这两个概念。从自然科学的角度上来看，大气和空气这两个概念是没有什么差别的，但在环境学的研究中，为了方便说明问题，需将这两个名词分别使用，各有相应的质量标准和评价方法。

空气：室内和特指某个地方（如车间、厂区等）供人和动植物生存的气体。例如教室里有人吸烟，大家说是空气浑浊，不会说大气浑浊。

大气：指在大气物理、大气气象和自然地理的研究中，以大区域或全球性的气流为研究对象。

大气的总质量6000万亿吨，厚度约1000km；我们赖以生存的空气主要是近地面10~12km范围的部分。

　　经全国人大常委会修订的《中华人民共和国大气污染防治法》于2000年4月29日通过，9月1日起实施。1996年GB3095-1996《环境空气质量标准》替代了GB3095-82《大气环境质量标准》，环境空气是指人群、植物、动物和建筑物所暴露的室外空气。"环境空气"的质量比"大气环境"的质量与人类健康更为直接相关；但"环境空气"应包含在"环境大气"之中，没有截然的分界。广义地说，它还包括人们生活期间的室内环境的空气。

　　2012年2月29日，环境保护部公布了新修订的《环境空气质量标准》（GB3095-2012），本次修订的主要内容：调整了环境空气功能区分类，将三类区并入二类区；增设了颗粒物（粒径小于等于2.5pm）浓度限值和臭氧8h平均浓度限值；调整了颗粒物（粒径小于等于10Rm）、二氧化氮、铅和苯并（a）芘等的浓度限值；调整了数据统计的有效性规定。与新标准同步还实施了《环境空气质量指数（AQD技术规定》（试行）（HJ633-2012）。

　　大气的组分：

　　（1）恒定组分：氮（占总体积的78.09%）、氧（20.95%）。这两种气体占大气总体积的99.04%，还有微量的氖、氦、氪、氙、氡等稀有气体。这一组分的比例在地球表面上任何地方几乎是可以看作不变的。

　　恒定组分较稳定的主要原因：

　　①分子态氮和惰性气体的性质不活泼。固氮作用所消耗的氮素基本上被反硝化作用形成的氮素所补充。

　　②自然界中由于燃烧、氧化、岩石风化、呼吸、有机物腐解所消耗的氧，基本上由植物光合作用释放的氧分子得到补充。

　　（2）可变组分:指CO_2和水蒸气。在通常情况下，二氧化碳含量为0.02%~0.04%，水蒸气含量为4%以下，这些组分在空气中的含量是随季节和气象的变化以及人们的生产生活的影响而发生变化的。在通常情况下，水蒸气的含量低于4%，二氧化碳的含量为0.033%。

　　（3）不定组分：自然界的火山爆发、森林火灾、海啸、地震等暂时性的灾难给大气带来的尘埃、硫、硫化氢、硫氧化物、氮氧化物、盐类及恶臭气体等污染物，以及人类的生产和生活给大气带来的一些不定组分，如煤烟、尘等，这些是空气中不定组分的最主要来源，也是造成空气污染的主要根源。

　　知道了大气组成，可以很容易判定大气中的外来污染物。如果大气中某个组分的含量远远超过其标准含量，或自然大气中本来不存在的物质在大气中出现，即可判定它们是大气的外来污染物。

二、大气污染的形成和污染源

（一）大气污染的概念

按照国际标准化组织（ISO）作出的定义，大气污染通常是指由于人类活动和自然过程引起某种物质进入大气中，呈现出足够的浓度，达到了足够的时间并因此而危害了人体的舒适、健康和福利或危害了环境的现象。

（二）对大气污染定义的理解

（1）定义指明了造成大气污染的原因是人类的活动和自然过程。人类活动包括生活活动和生产活动两方面。自然过程包括了火山活动、森林火灾、海啸、土壤和岩石风化以及大气圈的空气运动等。

（2）定义指明了形成大气污染的必要条件，即污染物在大气中要含有足够的浓度，并在此浓度下对受体作用足够的时间。

随着居住条件的改善，建材中所含的甲醛、甲苯以及微量射线使室内空气也遭到了污染。目前被称作"病态建筑"（或称"谢克氏大楼症状"，Sick building）的疾病在白领阶层中广泛存在，这是现代空气环境污染的突出问题。

（三）大气的自净能力

由于大气自身的运动而使大气污染物输送、稀释扩散，从而起到对大气的净化作用，包括平流输送、湍流扩散和清除等机制。由于大气的自净作用，使得自然过程造成的大气污染经过一段时间后自动清除。所以，自然过程所造成的大气污染，多为暂时的和局部的。大气对污染物的容纳和消化能力是有一定限度的，这个限度就是大气的自净能力。当污染物的浓度超过其自净能力时，所产生的变化将影响到人类的生存。

而人类活动排放污染物是造成大气污染的主要根源。因此，我们对大气污染所作的研究，主要是针对人为造成的大气污染问题。

三、污染源类型划分

1.按污染源存在的形式划分。适用于进行大气质量评价时绘制污染源分析图。

（1）固定污染源：位置固定，如工厂的排烟。

（2）移动污染源：位置可移动，如汽车排放尾气。

2. 按污染物排放的时间划分。分析污染物排放的时间规律。

（1）连续源：污染源连续排放，如化工厂的排气筒。

（2）间断源：排出源时断时续，如取暖锅炉的烟囱。

（3）瞬间源：排放时间短暂，如某些工厂的事故排放。

3. 按污染物排放的形式划分。适用于大气扩散计算。

（1）高架源：距地面一定高度上排放污染物。

（2）面源：在一个大范围内排放污染物。

（3）线源：沿一条线排放污染物。

4. 按污染物产生的类型划分。分析危害程度和治理措施。

（1）工业污染源。

（2）家庭炉灶排气。

（3）汽车排气。

空气污染的危害主要取决于污染物在空气中的浓度，而不仅是它的数量。

四、一次污染物和二次污染物

（一）一次污染物

由污染源直接排入环境的、其物理和化学性状未发生变化的污染物，或称为原发性污染物。如工厂排出的 SO_2。

1. 种类

（1）反应性污染物：其性质不稳定，在大气中常与某些其他物质产生化学反应，或作为催化剂促进其他污染物产生反应。

（2）非反应性污染物：其性质较为稳定，它不发生化学反应或者反应速度很缓慢。

2. 反应方式

（1）气体污染物之间的反应。如常温下有催化剂存在时，硫化氢和二氧化硫气体污染物之间的反应。

（2）气体污染物在气溶胶中的溶解作用。

（3）空气中粒状污染物对气体污染物的吸附作用，或粒状污染物表面上的化学物质与气体污染物之间的化学反应。如尘粒中的某些金属氧化物与二氧化硫直接反应：

$$4MgO+4SO_2 \rightarrow 3MgSO_4+MgS$$

（4）气体污染物在太阳光作用下的光化学反应。

（二）二次污染物

排入环境中的一次污染物在物理、化学因素或生物的作用下发生变化，或与环境中的其他物质发生反应所形成的物理、化学性状与一次污染物不同的新污染物，又称继发性污染物。如硫酸烟雾通过下面的变化过程而形成：SO_2--SO_3--H_2SO_4—>（H_2SO_4）m（H_2O）（硫酸气溶胶）。SO_2 在干燥的空气中其含量达 800μL/L 人还可以忍受，但形成气溶胶后含量仅 0.8μL/L 人就受不了。汞→甲基汞→二甲基汞，汞在微生物的作用下转变成二甲基汞，毒性显著增强，足见二次污染物对环境的危害之大。

当然，也不是说所有的二次污染物都比它的原发性污染物毒性强。

五、污染物类型

大气的污染物主要有烟尘、粉尘、SO_2、CO、光化学烟雾、含氟氯废气、核试验的放射性降落物等。

（一）大气中的烟尘、粉尘等微粒污染

1.微粒污染的类型

微粒是指空气中分散的液态或固态物质，其直径 0.0002~500μm，具体包括气溶胶、烟、尘、雾、炊事油烟等。

（1）尘粒：直径大于 10μm 的固体微粒迅速尘降而成。

（2）烟尘：直径小于 1μm 的固体微粒。

（3）雾尘：为液体微粒，直径可达 100μm。

（4）煤尘：燃烧过程中未被燃烧的煤粉尘及露天煤矿的煤扬尘。

（5）气溶胶：悬浮于空气中的固液微粒，直径小于 1μm。

总悬浮颗粒物（TSP）是分散在大气中的各种粒子的总称，也是目前大气质量评价中的一个通用的重要污染指标，其粒径大小绝大多数在 100μm 以下。

（1）降尘：直径大于 10μm，由于重力作用会很快沉降。

（2）可吸入颗粒物（Particular Matter less than 10μm，PM10）：指直径小于 10μm，可在空气中长期飘浮的固体颗粒物，也称为飘尘，危害较大。

（3）细颗粒物（Particular Matter less than 2.5μm，PM2.5）

可吸入颗粒物（PM10）一直是影响空气质量的首要污染物。最近几年，细颗粒物（PM2.5）造成的雾霾天气更是严重地影响着我国的大气质量。PM2.5 是指环境空气中空气动力学当量直径小于等于 2.5μm 的固体颗粒物，称为细颗粒物（英文名 Fine particulate matter）。因为它可被吸入到肺泡，故也称"可入肺颗粒物"。

2. 微粒污染的危害

可吸入颗粒物 PM10 的危害可简单归纳如下：

① PM10 能形成细粒子层，是化学反应床，是多项反应的载体。

② PM10 能降低大气能见度（阳伞效应：遮挡阳光，透光率下降，气温降低，形成冷凝核，使雨雾增多，从而影响气候）。

③ PM10 能形成干沉降，是致酸物质；经远距离的输送，在区域范围内造成酸沉降。

④ SO_x 与 PM10 的复合物可进入呼吸道，严重危害呼吸系统。

⑤汽油中的铅微粒排入空气中可能引起铅中毒，导致脑神经麻木和慢性肾病。在铅含量高的环境中，小孩的脑发育明显受阻，所以现代已经禁止使用含铅汽油而必须使用无铅汽油。

比 PM2.5 颗粒大点的颗粒物是 PM10，直径大到 4 倍，体积是 PM2.5 体积的 64 倍。比 PM10 大的颗粒物是 PM50。PM50 的体积是 PM2.5 体积的 8000 倍。PM50、PM10、PM2.5 是三个临界值，空气中并非只有这三种直径的颗粒物，$50\mu m$ 以下或者以上的，任何直径长度的颗粒物都有。

PM50 是肉眼可见的临界值，可以进入鼻腔，鼻腔黏膜细胞的纤毛能挡住 PM50，使其不能继续前进。当 PM50 在人们鼻腔积累到一定程度，人们就会想流鼻涕、挖鼻屎。PM10 可以到达咽喉的临界值，所以，PM10 以下的微粒被称为"可吸入颗粒物"。咽喉是 PM10 的终点站，咽喉表面分泌的黏液会黏住它们。

PM2.5 是到达肺泡的临界值。PM2.5 以下的细微颗粒物，上呼吸道挡不住，它们可以一路下行，进入细支气管、肺泡。肺泡数量有 3 亿~4 亿个。吸进去的氧气最终会进入肺泡，再通过肺泡壁进入毛细血管，再进入整个血液循环系统。人们吸进去的 PM2.5，因为太小，也能进入肺泡，再通过肺泡壁进入毛细血管，进而进入整个血液循环系统。

PM2.5 携带了许多有害的有机和无机分子，是致病之源。细菌是微米级生物，PM2.5 和细菌一般大小。细菌进入血液当中，血液中的巨噬细胞（免疫细胞的一种）立刻就会把它吞下，它就不能使人生病，这就如同老虎吃鸡。PM2.5 进入血液，血液中的巨噬细胞也会立刻把它吞下。细菌是生命体，是巨噬细胞的食物；可是，PM2.5 是没有生命的，巨噬细胞吞了它，如同老虎吞石头，无法消化，最终被噎死。巨噬细胞大量减少后，人们的免疫力就会下降。不仅如此，被噎死的巨噬细胞还会释放出有害物质，导致细胞及组织的炎症。可见 PM2.5 比细菌更致病，进入血液的

PM2.5越多，人们就越容易生病。

PM2.5对人体的危害可以归纳如下：

①引发呼吸道阻塞或炎症。

研究现实，PM2.5及以下的微粒，75%在肺泡内沉积，细颗粒物作为异物长期停留在呼吸系统内，会引起呼吸系统发炎。

②作为载体使致病微生物、化学污染物、油烟等进入人体内致癌。

PM2.5还可作为载体使其他致病的物质如细菌、病毒，"搭车"进入呼吸系统深处，造成感染。细颗粒物可以直接进入血液，诱发血栓的形成或者刺激呼吸道产生炎症后，呼吸道释放细胞因子引起血管损伤，最终导致血栓的形成。

③影响胎儿发育造成缺陷

有研究表明，接触高浓度PM2.5的孕妇，其胎儿的发育可能会受到高浓度的细颗粒污染物的影响。更多的研究发现，大气颗粒物的浓度与早产儿、新生儿死亡率的上升，低出生体重、宫内发育迟缓，以及先天性功能缺陷具有相关性。

④PM2.5颗粒物可通过气血交换进入血管，从而引起人体细胞的炎性损伤。

3. 对大气PM2.5颗粒物的控制标准

世界卫生组织认为：PM2.5小于10μmg/m³/24h（平均，下同）是安全值，而中国大部分地区全部高于50接近80世卫组织为各国提出了非常严格的PM2.5标准，全球大部分城市都未能达到该标准。针对发展中国家，世卫组织也制定了三个不同阶段的准则值，其中第一阶段为最宽的限值，新标准的PM2.5与该限值统一，而PM10此前的标准宽于第一阶段目标值，新标准也将其提高至和世卫组织的第一阶段限值一致。

4. 雾霾

不少地区把阴霾天气现象并入雾一起作为灾害性天气预警预报。统称为"雾霾天气"或"灰霾天气"。其实雾与霾、灰霾与雾霾从某种角度上来说是有差别的。

雾和霾是两种天气现象，世界气象组织（WMO）和中国观测规范等对此都有明确界定。雾和霾共同点是都能造成能见度下降，对于雾来说，造成能见度下降的主要原因是由于空气中水汽凝结形成大量微小水滴或冰晶造成的；对于霾来讲，造成能见度下降的主要原因是由于空气中大量干性悬浮细颗粒污染物存在造成的。雾和霾异同点主要在于组分类型、水分含量、可见厚度、外观颜色、边界特征和水平能见度等。

雾：大量微小水滴浮游空中，常呈乳白色，有雾时水平能见度小于1.0km。

轻雾：微小水滴或已湿的吸湿性质粒所构成的灰白色的稀薄雾幕，出现时水平能见度为 1.0~10.0km 以内。

霾：大量极细微的干尘粒等均匀地浮游在空中，使视野模糊并导致能见度恶化，水平能见度小于 10km 的空气普遍浑浊的现象。霾使远处光亮物体微带黄、红色，而使黑暗物体微带蓝色。

大气 PM2.5 颗粒物是构成雾霾的主要成分。

雾和霾的区别一般来讲主要是在于水分含量的大小：水分含量达到 90% 以上的叫雾，水分含量低于 80% 的叫霾。80%~90% 之间的是雾和霾的混合物，但主要成分是霾。就能见度来区分：如果目标物的水平能见度降低到 1km 以内，就是雾；水平能见度在 1~10km 的，称为轻雾或霭；水平能见度小于 10km，且是灰尘颗粒造成的，就是霾或灰霾。另外，霾和雾还有一些肉眼看得见的"不一样"：雾的厚度只有几十米至 200m，霾则有 1~3km；雾的颜色是乳白色、青白色或纯白色，霾则是黄色、橙灰色；雾的边界很清晰，过了"雾区"可能就是晴空万里，但是霾则与周围环境边界不明显。

霾是指空气中的灰尘、硫酸、硝酸、有机碳氢化合物等粒子使大气浑浊，如果水平能见度小于 10km 时，将这种非水成物组成的气溶胶系统造成的视程障碍称为霾，或灰霾，或烟霞。

霾的厚度比较厚，可达 1~3km 左右。霾与雾、云不一样，与晴空区之间没有明显的边界，霾粒子的分布比较均匀，而且灰霾粒子的尺度比较小，从 0.001μm 到 10μm，肉眼看不到空中飘浮的颗粒物。由于灰尘、硫酸、硝酸等粒子组成的霾，其散射波长较长的光比较多，从气象学的常识上来看，天气现象只有"雾"和"霾"，没有"灰霾"也没有"雾霾"。因为雾和霾两种天气现象在空气质量不佳的时候常常相伴发生，互相影响，比较不容易清楚地分辨开来，近年来媒体上常用雾霾这个词来形容这一类能见度障碍性的天气，因纯粹的粒子浓度过高而导致能见度小于 10km 的情况太少了，而一旦空气中的湿度上升，水汽与各种产生霾的气溶胶粒子结合，或者促进一次气溶胶的反应生成更大粒子的二次气溶胶，或者促进气溶胶粒子的合并长大等，这样在粒子总量变化不大的情况下能见度会有相当大的变化。这种气溶胶和水汽共同作用而产生了所谓"雾霾"占了实际情况的大多数。

而灰霾的气象定义是悬浮在大气中的大量微小尘粒、烟粒或盐粒的集合体，使空气浑浊，水平能见度降低到 10km 以下的一种天气现象。是在湿度比较低的情况下，人们强调比较纯粹的"霾"而与"雾"关系不大的一种说法。灰霾的组成成分非常复杂，包括数百种大气颗粒物。其中有害人类健康的主要是直径小于 $10\mu m$ 的气溶胶粒子，如矿物颗粒物、海盐、硫酸盐、硝酸盐、有机气溶胶粒子等，它能直接进入并黏附在人体上下呼吸道和肺叶之中。目前学术研究中用灰霾比较多。

雾霾天气形成原因主要有以下几点：

（1）这些地区近地面空气相对湿度比较大，绿化不够，或植被破坏，使土地裸露，地面灰尘大，人和车流使灰尘搅动起来；工业化和城镇化大规模建设（工地）产生大量的扬尘。

（2）没有明显冷空气活动，风力较小，大气层比较稳定，由于空气的不流动性，空气中的微小颗粒聚集、飘浮在空气中。若天空晴朗少云，有利于夜间的辐射降温，也可能使近地面原本湿度比较高的空气饱和凝结形成雾。

（3）机动车尾气是主要的污染物排放源，近年来城市的汽车越来越多，排放的尾气是产生雾霾的一个因素。

（4）"燃煤为主"不合理的能源结构，使工厂产生大量的二次污染物。

（5）北方冬季取暖排放的 CO_2 等烟尘污染物。

（6）有人认为，中国式的烹饪、饮食爆炒形成的油烟可能也是大城市上空雾霾天气的成因之一。

（二）CO

在氧气不足或者火焰温度不够高的情况下，碳氢化合物燃料不完全燃烧而产生的。80% 的 CO 是汽车排放所造成的，每年约 2×10^8 吨的 CO 排入大气，占全部有毒气体的 1/3。人体内氧气的输送是靠血红蛋白（Hb）与氧气结合完成，但是 CO 与 Hb 的亲和力比氧气与 Hb 的亲和力大 200~300 倍，CO 与氧气争夺 Hb，生成羧基血红素，降低血液携氧能力，引起人体供氧不足而窒息。由于 CO 无色、无味、无刺激性，它的产生不能被人体感官觉察，所以一般人常在无意中发生中毒而不自知。有人称 CO 为隐形杀手，其危害性比刺激性气体大。

（三）NO_x

NO_x 为汽车、工厂，特别是氮肥厂、硝酸厂排出的尾气。实验证明：NO 的生成速度随燃烧温度的增高而加大，氧气的浓度越大，则生成的 NO 量越大。这个规律跟 CO 相反，所以要有效控制这两种污染物的排放，就要选择燃料与空气合适的比例和燃烧温度；另外，开发新型催化剂也是行之有效的办法。在空气中，NO 转化成 NO_2 的速度很慢，因此空气中的 NO_x 主要来自燃烧过程。一般情况下，空气中 NO 对人体无害，但它转变为 NO_2 时就有腐蚀性和生理刺激作用。NO_2 是形成光化学烟雾的主要因素之一，它是吸收光能引发光化学反应的引发剂。N_2O 毒性极强，人一旦吸入这种气体，就会引起面部肌肉痉挛，看上去像在发笑，故称之为"笑气"。

（四）碳氢化合物

自然界中的碳氢化合物主要由生物的分解作用产生。据估计，全世界每年由此产生的 CH_4 大约有 3 亿吨，数目非常庞大，CH_4 虽然不引起光化学烟雾，但它是重要的温室气体。人为的碳氢化合物来源主要是不完全燃烧和有机化合物的蒸发。

城市空气中的碳氢化合物虽然对健康无直接伤害，但能导致有害的光化学烟雾。

（五）硫氧化物

硫氧化物（SO_2、SO_3）：燃烧含硫的煤和石油等燃料时产生的。矿物燃料中一般都含有一定数量的硫（煤中含 0.5%~6.0%）。全世界每年排入大气中的 SO_3 约 1.5 亿吨，且 SO_3 是酸性气体，有较强的腐蚀性，另外还有生理刺激性。长期处在 SO_2 浓度较高的环境中，人可能患呼吸系统疾病，严重的会导致肺癌。植物长期处在 SO_2 浓度较高的环境中，会出现落叶过多等症状。

硫氧化物会造成酸雾、酸雨等酸性沉降物、酸性气溶胶。

（六）光化学烟雾

光化学烟雾：汽车和工厂排出的氮氧化物（NO_x）和碳氢化合物经太阳光紫外线作用发生化学反应而产生的一种有害气体。NO_x 为吸收光能的引发剂，NO_2 最为重要。

现象：强烈刺激性的浅蓝色烟雾（有时呈紫色或黄褐色），使能见度降低，行人眼睛红肿流泪，刺激呼吸系统，损害肺功能，橡胶开裂，植物叶片受毒变黄以致枯死。

1943 年美国洛杉矶首次发生光化学烟雾事件，此后东京、墨西哥城、兰州、上海及其他许多汽车多、污染重的城市都曾出现过。目前已成为许多大城市的一种主要大气污染现象。

（七）含氟、氯废气

含氟、氯废气：FZ、HF 主要来源电解铝、磷肥生产、磷酸铝以及含 F 有机物、氟利昂工厂排出的废气。Cl_2、HCI 来自生产氯碱和盐酸的工厂，由工厂的"跑、冒、滴、漏"造成的。

（八）其他污染

其他污染：包括核试验的放射性降落物和宇宙的太空细小垃圾等。

污染物在大气中的浓度取决于排放的总量、排放源的高度、气象和地形。

第二节 水体污染

我国的水环境当前存在的主要问题有三个：一是水资源短缺，二是水污染，三是用水的极大浪费。20 世纪 70 年代以来，尽管我国在水污染防治方面做了很多工作，但水污染的发展趋势仍未得到有效控制，许多江河、湖泊、水库的水质仍在下降。我国本来就是一个缺水国家，全国 600 多个城市目前大约有一半的城市缺水，而水污染使缺水形势显得更为严峻。日趋严重的水污染不仅降低了水体的使用功能，进一步加剧了水资源短缺的矛盾，对我国正在实施的可持续发展战略带来了严重的负面影响，而且还严重地威胁到城乡居民的饮水安全和人民群众的健康。2003 年世界环境日主题就是"水——20 亿人生命之所系"，说明了水的重要性。

一、概念

水体概念：指河流、湖泊、沼泽、水库、地下水、海洋，它包括水中的悬浮物、溶解物质、水生生物和底泥等完整的生态系统。

水体污染概念：排入水体的污染物在水体中的含量超过了水体的本身含量和水体的自净能力，使水和底泥的物理、化学性质或生物群落组成发生变化，从而破坏了水体原有的用途，危害人体健康或者破坏生态环境，造成水质恶化的现象。

对水体污染而言，产业革命前的人群生活污染，一般能通过水体自净作用来消除，从而恢复水体水质。水体严重污染主要是现代工业大发展和城市人口高度集中带来的。

水体一旦受到污染，必将对生物的生长带来不良影响，最终危害人类健康。水生生物通过食物链有极高的富集能力，可将水中的污染物蓄积于体内，阻碍人类和生物的健康生长，甚至发生病变，产生致癌、致畸作用。而且，人类的许多疾病可通过被污染的水发生、传播和流行。据世界卫生组织报道，在所有已知疾病中，约有 80% 与水污染有关，如肠道传染病、病毒性肝炎、伤寒、霍乱、血吸虫病及皮肤病等。

二、我国水污染的现状

根据国家环保部发布的《2013 中国环境状况公报显示》，长江、黄河、珠江、松花江、淮河、海河、辽河、浙闽片河流、西南诸河和西北诸河等十大水系的国控断面中，I 至 III 类、IV 至 V 类和劣 V 类水质的断面比例分别为 71.7%，19.3% 和 9.0%。珠江、西南诸河和西北诸河水质为优，长江和浙闽片河流水质良好，黄河、松花江、淮河和辽河为轻度污染，海河为中度污染。在监测营养状态的 61 个湖泊水库中，富营养状态的湖泊水库占 27.8%，其中轻度富营养和中度富营养的湖泊水库比例分别为 26.2% 和 1.6%。在 4778 个地下水监测点位中，较差和极差水质的监测点比例为 59.6%。

三、污染类型和衡量水体污染的指标

1.悬浮物（SS）

悬浮物是衡量水体污染的基本指标之一。它指的是污水中呈固状的不溶解物质，单位为 mg/L。如泥土等颗粒状悬浮物，是无毒无害物质，但存在于水中降低了光的穿透能力，减少了水的光合作用，故影响水体的自净作用。颗粒物含量高时还会使水中植物因见不到阳光而难以生长或死亡。固体物会淤塞排水道，窒息底栖生物，破坏鱼类的产卵地。悬浮小颗粒物会堵塞鱼类的鳃，使之呼吸困难，导致死亡。悬浮固体物会降低水质，增大净化水的难度和成本。悬浮物可能是各种污染物的载体，它可能吸附一部分水中的污染物并随水流动迁移。悬浮物可使水体同化能力降低，并妨碍水体的自净能力。现代生活垃圾中的难降解固体成分（如塑料包装）进入水体之后，会使水生动物误食死亡。

2.有机物浓度

这是一个重要的水质指标。由于有机物的组成比较复杂，要想分别测定各有机物含量比较困难，一般采用以下指标：

（1）生物化学需氧量（BOD，Biochemical Oxygen Demand）：表示好氧条件下，水中有机污染物经微生物分解所需溶解氧的量（单位为 mg/L）。BOD 越高，表示水中需氧有机物质越多。

BOD5 表示一定量污水内的有机污染物在 5d 内经微生物分解所耗溶解氧的量。一般有机物在微生物新陈代谢作用下，其降解过程可分为两个阶段：第一阶段是有机物转化成无机的 CO_2、NH_3 和 H_2O 的过程。第二阶段是硝化过程，即 NH_3 进一步在亚硝化菌和硝化菌的作用下，转化为亚硝酸盐和硝酸盐。BOD5 一般指在第一阶段生化反应所需要的氧量。

在测定生化需氧量时，必须规定一个标准温度，一般以 20℃ 作为测定的标准温度。在 20℃ 和 BOD 的测定条件下，一般有机物 20 天才能基本完成第一阶段的氧化分解过程。这就是说，测定第一阶段的全部生化需氧量需要 20 天。这在实际工作中是难以做到的，也不必要。为此，规定了一个衡量的标准时间，一般以 5 天作为测量 BOD 的标准时间，记为 BOD5。BOD5 约为 BOD20 的 70%。

（2）化学耗氧量（COD，Chemical Oxygen Demand）：指用化学氧化剂氧化水中的有机污染物所需的氧量，COD 越高，表示有机污染物越多。

常用的氧化剂有高锰酸钾和重铬酸钾，其相应的 COD 分别为 CODMN 和CODcr。

一般用重铬酸钾氧化法，其氧化率为 80%~90%。重铬酸钾能够比较完全地氧化水中的有机物，它对低碳直链化合物的氧化率为 80%~90%，其缺点是不能像 BOD那样表示微生物氧化的有机物量，此外，它还能氧化一部分还原性物质。所以 COD也含有一定的误差。用高锰酸钾氧化法，其氧化率为 50%~60%。高锰酸钾也能够将有机物氧化，测出的耗氧量较 COD 低，这时测得的值也称为耗氧量。

（3）总有机碳（TOC，Total Organic Carbon）或总需氧量（TOD，Total Oxygen Demand）：快速测定使用。TOC 指的是污水中有机污染物的总含碳量，其测定结果以 C 含量表示，单位为 mg/L。有机物主要由 C、H、N、S 等元素组成。当有机物完全被氧化时，C、H、N、S 分别被氧化为 CO_2、H_2O、NO 和 SO_2，此时的需氧量称为总需氧量 TOD。

3. 溶解氧（DO，Dissolved Oxygen）

DO 是水质的重要参数之一，也是鱼类等水生动物生存的必要条件。DO 完全消失或其含量低于某一限值时，就会影响到这一生态系统的平衡。水中 DO 耗尽后，有机物将进行厌氧分解，产生 H_2S、NH_3 和一些有难闻气味的有机物，使水质进一步恶化。清洁水中饱和溶解氧与温度、气压相关密切，在常温常压下不会超过 10mg/L。

4. pH 值

pH 值是污水水质的重要指标之一。水体的 pH 小于 6.5 或大于 8.5 时，都会使水生生物受到不良影响，严重时造成鱼虾绝迹。pH 值的测定和控制，对维护水处理设施的正常运行，防止污水处理及输送设备的腐蚀，保护水生生物的生长和水体的自净功能都有重要的实际意义。

5. 酸碱

酸碱污染水体，使水体的 pH 值发生改变，破坏自然缓冲作用，消灭或抑制微生物生长，妨碍水体的自净功能。如长期受酸碱污染，水质会逐渐恶化，危害渔业生产。酸碱中和可产生某些盐类，酸碱与水体中的矿物相互作用也可产生某些盐类，水中无机盐的存在能增加水的渗透压，对淡水植物生长不利。酸碱造成水体的硬度增加。

6. 细菌（及病原菌、病毒）污染

（1）细菌总数。细菌总数可作为评价水质清洁程度和净化、消毒效果的指标。细菌总数增多说明水被污染，但不能说明污染来源，必须结合总大肠菌群来判断水质污染的来源和安全程度。据调查，国内水厂的出厂细菌总数均在每毫升100个以下，有相当一部分在10个以下。故标准限值为每毫升不超过100个。

（2）大肠菌群数。由于水质传染病的病原菌和病毒检测困难，所以用大肠菌群作为间接指标。大肠菌群数是指单位体积水中所含的大肠菌群的数目，单位为个/L，作为新增水质标准，标准限值为每100mL水样中不得检出大肠菌群。

7. 植物营养物

N、P、K、S元素及其化合物是植物必需的物质，但过多营养物质进入天然水体，藻类大量繁殖，引起富营养化，产生"水华"或"水花"，消耗大量溶解氧。一般总磷超过$20mg/m^3$或无机氮超过$300mg/m^3$，即可认为水体处于富营养化状态。

8. 重金属

主要为Hg、Cd、Pb、Cr、As五毒，还有Zn、Cu等。重金属不能被微生物降解，只有形态之间的转化、分散、富集，如沉淀作用、吸附作用、生物富集。

重金属污染的特点：

（1）在天然水体中只要有微量浓度就会产生毒性效应。例如汞和镉，产生毒性的浓度范围在0.01~0.001mg/L以下。

（2）微生物不能降解重金属，相反地，某些重金属可能在微生物的作用下发生二次污染。

地表水中的重金属可以通过食物链成千上万倍地富集，而达到相当高的浓度，最终通过多种途径进入人体，危害人体健康。

9. 放射性污染

放射性污染是水中所含放射性元素构成的一种特殊的污染。由于原子能工业的发展，放射性矿藏的开采，核试验和核电站的建立以及同位素在医学、工业、研究等领域的应用，造成了一定的放射性污染。污染水体最危险的放射性物质是锶（Sr）、铯（Cs）等。

放射性污染不仅存在于水体中，也存在于大气和土壤中。目前主要的工作是必须彻底查清我国的放射源，安全收贮废弃放射源，清除放射性污染危害，以促进核技术的安全利用。

放射源是指用放射性物质制成的能产生辐射、照射的物质或实体。放射源按其密封状况可分为密封源和非密封源。密封源是在包壳或紧密覆盖层里的放射性物质，工农业生产中应用的料位计、探伤机等都是密封源。非密封源是指没有包壳的放射性物质，医院里使用的放射性示踪剂属于非密封源。

放射源发射出的射线看不见、闻不到、摸不着。识别放射源，除了要根据标签、标识和包装外，一定要由有经验的专业人员采用专用的仪器来确认。当发现无人管理的标有电离辐射标志的物体，或者体积小却较重的金属罐（特别是铅罐）时，首先必须远离现场，既不要接触，也不要擅自移动这些物品，更不要因为好奇而打开容器；然后立即拨打环保举报热线，由有经验的专业人员采用专用的仪器来确认和处理。随着我国核技术利用事业的发展，放射源的数量急剧增加。

10. 难降解有机污染物

有些有机污染物比较稳定，不易被微生物分解，称为难降解有机污染物。因为它们难降解，所以在使用 BOD 指标时可能产生较大的误差，通常使用 COD、TOD 和 TOC 等指标。难降解有机污染物一般有以下几类：

（1）酚类化合物：来源于冶金、煤气、炼焦、石化、塑料等工业排放的含酚废水。一般来说，低浓度的酚能使蛋白质变性，高浓度的酚能使蛋白质沉淀，对各种细胞都有直接危害。

（2）有机氯农药：水生生物对有机氯农药有很强的富集能力，通过食物链进入人体，累积在脂肪含量高的组织中，达到一定浓度后，将显现出对人体的毒害作用。有机氯农药的污染是世界性的，从水体中的浮游生物到鱼类，从家禽到野生动物体内，几乎都可以测出有机氯农药。

（3）氰化物：水体中的氰化物主要来源于电镀废水及金、银选矿废水中。氰化物是剧毒物质，急性中毒抑制细胞呼吸，造成人体组织严重缺氧，人只要口服 0.3~0.5mg 就会死亡。我国饮用水标准规定，氰化物含量不能超过 0.05mg/L。

11. 无机盐、致癌物质

印染废水中有多种芳香胺类以及 3，4- 苯并芘等。

12. 热污染

因能源的消耗而引起环境增温效应的污染称为热污染。以电力工业为主，包括冶金、化工、石油、造纸、建材和机械等工矿企业向江河排放的冷却水和高温废水，经常能形成热污染带，使水体温度升高。当水温升高超过自然水温的 2~4℃时，构成的热污染不仅直接影响水中鱼类的正常生长，而且会加速污染物的化学反应速率，使水体中有毒物质对水生生物的毒性提高。高温废水会加快水中化学反应，DO减少，使氰化物和重金属离子在较高温度下毒性增强。此外，适当的水温升高可使一些藻类繁殖增快，加速水体"富营养化"的过程，也使水中溶解氧下降，破坏水体的生态平衡，影响水体的使用价值。

13. 水的表观

包括颜色（色度）、透明度。纯净的水是无色透明的。天然水经常呈现一定的颜色，主要来源于植物的叶、根、茎、腐殖质以及可溶性无机矿物质和泥沙。当各种工业废水如染料、纺织等废水排入水体后，可使水的颜色变得极其复杂。颜色可以说明所含污染物的含量。

14. 恶臭

这也是一种普遍的污染危害。人们可以嗅到的恶臭物有4000多种，危害大的有几十种。它们主要来源于金属冶炼、炼油、石油化工、造纸、农药等工厂的生产过程及排放的废水、废气和废渣。恶臭使人憋气，妨碍正常的呼吸功能；可使人厌食、恶心呕吐，使消化功能减退；可使人精神萎靡不振，降低工作效率和记忆力；严重时造成嗅觉障碍，损坏中枢神经以及大脑皮层的兴奋和调节功能。

有些河流由于受有机物污染，水中长时间缺氧，也会导致恶臭。恶臭破坏了水体本来的用途和价值。

四、非点源污染

（一）非点源污染的定义及治理的重要性

水环境污染问题通常可分为点源污染和非点源污染。点源污染主要包括工业废水和城市生活污水污染，通常由固定的排污口集中排放。非点源污染是从英文"Non-Point Source Pollution"转译过来的（简称NPS污染或NPSP）。NPS污染是指溶解的固体污染物从非特定的地点，在降水（或融雪）冲刷作用下，通过径流过程而汇入受纳水体（包括河流、湖泊、水库和海湾等）并引起水体的富营养化或其他形式的污染。美国清洁水法修正案（1997）对非点源污染的定义为：污染物以广域的、分散的、微量的形式进入地表及地下水体。这里的微量是指污染物浓度通常较点源污染低，但NPS污染的总负荷却是非常巨大的。

与点源污染相比，非点源污染起源于分散、多样的地区，地理边界和发生位置难以识别和确定，随机性强、成因复杂、潜伏周期长，因而防治十分困难。随着各国政府对点源污染控制的重视，点源污染已经在许多国家得到较好的控制和治理，而非点源污染由于涉及范围广、控制难度大，目前已成为影响水体环境质量的主要污染源。

随着点源污染控制能力的提高，非点源污染的严重性逐渐显现出来。在美国即使达到零排放，仍然不能有效控制水体污染，人们从而认识到非点源污染控制的重要性。我国对污染物排放实行总量控制，如实施"一控双达标"，但这只对点源污染的控制有效，无法对非点源污染进行控制。在我国强化工业和生活污水排放与治理的同时，非点源污染的控制也应积极开展和加强，否则水体污染不会得到根本性的好转。

（二）非点源污染的来源

非点源污染的来源比较广泛，虽然城市径流的非点源也是其来源之一，但来自农业的非点源污染最为突出，如福建省的第二大江河——九龙江的污染主要来自两岸农业生产（包括畜禽养殖）带来的污染。

农业非点源污染主要是指农业生产活动引起的各种污染物（沉淀物、畜禽粪便、流失的营养物、农药、盐分、病菌等）以低浓度、大范围的形式缓慢地在土壤圈内运动和从土壤圈向水圈扩散的污染。

非点源污染主要来自山林植被破坏和农业耕种引起的水土流失、农业耕种的农药和肥料流失、畜禽养殖和农村生活污水的排放等。其基本特征为：污染发生的随机性；机理过程的复杂性；排放途径及排放污染物的不确定性；污染负荷的时空差异性而导致对其监测、模拟与控制的困难性。

1. 大量施用化肥、农药的污染

化肥的大量施用和不合理施用，主要表现在过量施用氮肥和磷肥，钾肥施用不足，与区域地区间分配不平衡，从而导致土壤板结、耕作质量差、肥料利用率低、土壤和肥料养分易流失，造成对地表水、地下水的污染，导致江河湖泊富营养化。尤其是沿江河一面山的经济林木的农药、化肥流失，沿江河畔高尔夫球场用于控制草皮生长的农药的流失。

我国农药总产量逐年提高和生产品种逐年增加。每年农药的使用量在 23 万吨左右，平均使用农药 2.33kg/hm²。农药对水体的污染主要来自于：①直接向水体施药；②农田使用的农药随雨水或灌溉水向水体的迁移；③农药生产、加工企业废水的排放；④大气中的残留农药随降雨进入水体；⑤农药使用过程中，雾滴或粉尘微粒随风飘移沉降进入水体，以及施药工具和器械的清洗等。一般来讲，只有 10%~20% 的农药附着在农作物上，其余则流失到土壤、水体和空气中，在灌水与降水等淋溶作用下污染地下水。

2.集约化养殖场的污染

近年来农村或近郊建立了一大批养殖场，原先分散的养殖变成了集约化养殖，如果养殖场的畜禽粪便废物没有进行有效的管理，露天堆置，降雨期间则随着雨水进入地表径流，从而造成径流中有机氮浓度增高。

3.居民生活污水和废物的污染

生活污水的排放主要是洗衣粉磷负荷的贡献率。另外，我国的生活垃圾数量巨大，10亿农村人口，以每人每天产生1.2kg垃圾计，每天共产生120万吨垃圾。目前生活垃圾大部分都露天堆放，不仅占去了大片的可耕地，还可能传播病毒细菌，其渗漏液污染地表水和地下水，引起非点源污染。

第三节　海洋污染

海洋占地球表面积的70.8%，是地球上一个稳定的生态系统。

海洋的主要功能是给人类提供物产，如海洋食品（鱼、虾、海带等）、海盐、矿物资源（如铀、银、金、铜等）。海洋还有其他功能，如调节气候（吸收二氧化碳）、蒸发水分有利降雨、提供能源（潮汐能可以利用来发电）等。

全世界共有130多个海洋国家。我国海域辽阔，海岸线总长度为3.2万km，仅次于印尼和俄罗斯，名列世界第三。其中大陆海岸线1.8万km，岛屿海岸线1.4万km。

一、海洋污染的现状和特点

联合国教科文组织下属的政府兼海洋学委员会对海洋污染明确定义为："由于人类活动，直接或间接地把物质或能量引入海洋环境，造成或可能造成损害海洋生物资源、危害人类健康、妨碍捕鱼和其他各种合法活动、损害海水的正常使用价值和降低海洋环境质量的等有害影响。"

一些自然因素，如海底火山爆发以及自然灾害等，引起海洋的损害则不属于海洋污染的范畴。

海洋污染主要是陆源排污所致，污染物质包括无机氮、磷酸盐、有机物、油类和重金属。大量有机物的排放往往是发生大规模赤潮和蓝潮的主要成因，世界上每年有2000多人因食用了含有赤潮毒素的鱼虾而死亡。在我国，近年来共发现赤潮生物种类 20 余种，渤海、黄海、东海和南海也都有赤潮频频发生，累计污染面积达 20000km²。辽宁和浙江沿海的 2 次特大赤潮造成了渔业损失达 3 亿元人民币。对于海洋污染，尽管目前国家采取了许多措施加以控制，但总体来说，由于经济和技术的局限性，海洋污染远比内陆污染更加难以治理，我国海洋污染快速蔓延的势头虽得到了一定程度的减缓，但海洋环境质量恶化的总体趋势仍未得到有效的遏制。

海洋的污染主要是发生在靠近大陆的海湾。由于密集的人口和工业，大量的废水和固体废物倾入海洋，加上海岸曲折造成水流交换不畅，使得海水的温度、pH 值、含盐量、透明度、生物种类和数量等性状发生改变，对海洋的生态平衡构成危害。目前，海洋污染突出表现为石油污染、赤潮、有毒物质累积、塑料污染和核污染等几个方面；污染严重的海域有波罗的海、地中海、东京湾、纽约湾、墨西哥湾等。我国的渤海湾、黄海、东海和南海的污染状况也相当严重，虽然汞、镉、铅的浓度总体上尚在标准允许范围之内，但已有局部的超标区；石油和 COD 在各海域中有超标现象，其中污染最严重的渤海，已造成渔场外迁、鱼群死亡、赤潮泛滥，有些滩涂养殖场荒废，一些珍贵的海生资源正在丧失。

由于海洋的特殊性，海洋污染与大气污染和陆地污染有很多不同，有其突出的特点：

（1）污染源多而复杂。除人类在海洋的活动外，人类在陆地和其他方面活动所产生的各种污染物，也将通过江河径流或通过大气扩散和雨雪降水等过程，百川汇合，最终都将汇入海洋。所以，大气、土壤、陆地地表水的各种污染源也都是海洋的污染源。人类的海洋活动主要是航海、捕鱼和海底石油开发。目前全世界各国有近 8 万艘远洋商船穿梭于全球各港口之间，总吨位达 5 亿吨，它们在航行期间都要向海洋排出含有油性的机舱污水，仅这项估计向海洋排放的油污染每年可达百万吨以上。通过江河径流入海含有各种污染物的污水量更是大得惊人。

（2）污染持续性强、危害性大。海洋是地球上地势最低的区域，它不可能像大气和江河那样，通过一次暴雨或一个汛期就可使污染得以减轻，甚至消除。一旦污染物进入海洋后，很难再转移出去，因此海洋是各地区污染物的最后归宿，不能溶解和不易分解的物质在海洋中越积越多，它们可以通过生物的浓缩作用和食物链传递，对人类造成潜在威胁。美国向海洋排放的工业废物占全球总量的 1/5，每年因水生生物污染或人们误食有毒海产品造成的污染中毒事件达 1 万起以上。

（3）污染扩散范围大。世界上各个海洋互相流通，海水不停地运动，污染物在海洋中可以扩散到任何角落。一个海域出现的污染，往往会扩散到周边海域，甚至扩大到邻近大洋，有的后期效应还会波及全球。比如海洋遭受石油污染后，海面会被大面积的油膜覆盖，阻碍了海洋和大气间的正常交换，有可能造成全球或局部地区的气候异常。此外，石油进入海洋，经过种种物理化学变化，最后形成黑色的沥青球，可以长期漂浮在海上，通过风浪流的扩散传播，在世界大洋一些非污染海域里也能发现这种漂浮的沥青球。

（4）防治难、危害大。海洋污染有很长的积累过程，不易及时发现，一旦形成污染，需要长期治理才能消除影响，且治理费用较高，造成的危害会波及各个方面，特别是对人体产生的毒害更是难以彻底清除干净。20世纪50年代中期，震惊中外的日本水俣病，是直接由汞这种重金属对海洋环境造成的公害病污染，通过几十年的治理，直到现在也还没有完全消除其影响。"污染易、治理难"，它严肃地告诫人们，保护海洋就是保护人类自己。

除上述污染源多、持续性强、扩散范围广、难以控制的特点外，海洋污染还会造成海水浑浊，严重影响海洋植物（浮游植物和海藻）的光合作用，从而影响海域的生产力，对鱼类也有危害。重金属有机化合物等有毒物质在海域中累积，并通过海洋生物的富集作用，对海洋动物和以此为食的其他动物造成毒害。石油污染在海洋表面形成面积广大的油膜，阻止空气中的氧气向海水中溶解；同时石油的分解也消耗水中的溶解氧，造成海水缺氧，对海洋生物产生危害，并祸及海鸟和人类。由于好氧有机物污染引起的赤潮（海水富营养化的结果），造成海水缺氧，导致海洋生物死亡。海洋污染还会破坏海滨旅游资源。因此，海洋污染已经引起国际社会越来越多的重视。

二、海洋污染的"红"与"黑"

随着人口的增加，科学技术的进步，人类活动范围的扩大，地球上几乎所有污染物，都通过人工倾倒、船舶排放、海损事故、战争破坏、开采石油等多种途径，源源不断地进入海洋。目前，每年都有数十亿吨的淤泥、污水、工业垃圾和化工废物等直接流入海洋，河流每年也将近百亿吨的淤泥和废物带入沿海水域。

除了水体污染包括的内容外，海洋污染还有两个突出的表现。

（一）"红"——赤潮

1.赤潮的概念

赤潮（Red tide）又称有害藻华（Harmful algae bloom），是由于海水中一些（或某种）赤潮生物（如裸甲藻、原甲藻等微小的浮游藻类或原生动物，或细菌）在一定的条件下爆发性繁殖（增殖）或高密度聚集引起水体变色（常为赤红）的一种有害的生态异常现象。但发生赤潮时，海水不一定都变成红色，有时能变成橘红色、黄色、绿色或褐色等。我国是严重遭受赤潮影响的国家之一，主要发生在近海海域。浙江中部近海、辽东湾、渤海湾、杭州湾、珠江口、黄海北部近岸等是赤潮多发区。

中国赤潮的发展趋势主要为四个方面：频率增高；持续时间长、范围广、危害大；新记录种类增多；赤潮类型多样化。

2. 赤潮发生的机制

（1）海域水体的富营养化。随着沿海地区工农业发展和城市化进程加快，大量未经处理的含高浓度 N、P 的工业废水、生活污水和养殖废水排放入海，造成近岸海域的水体富营养化，尤其是水体交换能力差的河口海湾地区，污染物不容易被稀释扩散，因此这些地区是赤潮多发区。海水养殖密度高的区域也往往存在水体的富营养化现象，形成赤潮的可能性较大。某些特殊物质参与作为诱发因素可能成为赤潮爆发的调控因子，已知的有维生素 B_1、B_{12}、铁、锰、脱氧核糖核酸等。

（2）海域中存在赤潮生物种源。海洋浮游微藻是引发赤潮的主要生物，世界各地已引发过赤潮的生物有 200 多种。赤潮生物除少数的原生动物和细菌外，大都属于浮游植物，包括蓝藻、硅藻、甲藻、金藻和隐藻等门类，其中硅藻和甲藻类占多数。甲藻类是最主要的赤潮生物，其中的一些种类能产生毒素，危害非常大，因而甲藻形成的赤潮是近年来研究的焦点。中国沿海的赤潮生物有 91 种（含 13 种有毒种类），夜光藻、中肋骨条藻、海洋原甲藻、微型原甲藻、尖刺菱形藻、赤潮异弯藻、裸甲藻和红中缢虫为我国沿海的主要赤潮生物。由于营养需求上的差异，在特定的环境条件下赤潮生物在与其他浮游植物的营养竞争中占优势，从而大量繁殖形成赤潮。

（3）合适的海流作用和天气形势。一般在海流缓慢、风力较小、湿度大、闷热、阳光充足时，易发生赤潮。海流、风有时能使赤潮生物聚集在一起，沿岸的上升流可以将含有大量营养盐物质的下层水带到表层，也可以将赤潮生物的"种子"带到水表层，为赤潮的发生提供必要的物质条件。如果风力适当、风向适宜的话，就会促进赤潮生物的聚集，从而使赤潮的产生更加容易。有些赤潮生物种类通过远洋船舶的压舱水到处传播，造成生态入侵，在新的海域引发赤潮。

（4）适宜的水温和盐度。不同海区不同类型赤潮爆发对水温和盐度的要求各不相同，一般在表层的水温突然增加和盐度降低时，会促进赤潮的发生。

3.赤潮的毒素

赤潮并不都是有害的,有害赤潮主要是有害赤潮生物产生的毒素造成的危害。目前已经发现的赤潮藻毒素有:麻痹性贝毒、神经性贝毒、腹泻性贝毒和健忘性贝毒、西加鱼毒等。贝类或鱼类摄食含有毒素的浮游植物以后,毒素进入食物链。人畜误食含有毒素的水产品就会发生中毒事件。

PSP 是世界范围内分布最广、危害最严重的一类毒素,因而对赤潮藻毒素的研究主要集中在这一方面。迄今为止所发现的能产生 PSP 的赤潮生物多数是甲藻。此外,红藻和绿藻也可以产生麻痹性贝毒。

有害赤潮的危害状况可以归纳如下:①危害水产养殖和捕捞业。赤潮对水产生物的毒害方式主要有以下几种:赤潮生物分泌黏液或死亡后分解产生黏液,附着在鱼虾贝类的鳃上,毒素使它们窒息死亡;鱼虾贝类吃了含有赤潮生物毒素的赤潮生物后直接或间接积累发生中毒死亡;赤潮生物死亡后的分解过程消耗水体中的溶解氧,鱼虾贝类由于缺少氧气而窒息死亡。②损害海洋环境。赤潮发生时 pH 值升高,降低了水体的透明度,分泌抑制剂或毒素使其他生物减少,赤潮消亡阶段还可使水体缺氧。③影响海洋旅游业。赤潮破坏了旅游区的秀丽风光,一层油污似的赤潮生物及大量死去的海洋动物被冲上海滩,臭气冲天。赤潮水体使人不舒服,与皮肤接触后,可出现皮肤瘙痒、刺痛、出红疹;如果溅入眼睛,疼痛难忍;有赤潮毒素的雾气能引起呼吸道发炎。应避免在赤潮发生水域游泳或做水上活动。④危害人体健康。赤潮发生海域的水产品能富积赤潮毒素,不慎食用会对身体健康产生威胁。

目前,在防范赤潮工作方面,有些国家正在建立赤潮防治和监测监视系统,对有出现赤潮迹象的海区,进行连续的跟踪监测,及时掌握引发赤潮环境因素的消长动向,为预报赤潮的发生提供信息;对已发生赤潮的海区则采取必要的防范措施。加强海洋环境保护,切实控制沿海废水废物的入海量,特别要控制氮、磷和其他有机物的排放量,避免海区的富营养化,是防范赤潮发生的一项根本措施。此外,随着沿海养殖业的兴起,避免养殖废水污染海区,很多养殖场已建立小型蓄水站,以淡化水体的营养,在赤潮发生时可以调剂用水。与此同时,改进养殖饵料种类,用半生态系养殖方法逐步替代投饵喂养方式,以自然增殖有益藻类和浮游生物改善自然生态环境。

对于小型的网箱养殖,可以采用拖拽法来对付赤潮,也就是将养殖网箱从赤潮水体转移至安全水域。利用黏土矿物对赤潮生物的絮凝作用,以及黏土矿物中铝离子对赤潮生物细胞的破坏作用来消除赤潮,也取得了很好的进展,并有可能成为一项较实用的防治赤潮的途径。因为利用黏土治理赤潮具有很多优点，目前已证实的有：对生物和环境无害，有促进生态系统的物质循环和净化作用；黏土资源丰富，且是底栖生物和鱼贝类幼仔的饵料，操作简便易行，可以大范围使用。

（二）"黑"——石油污染

主要为石油及其产品，包括原油和从原油中分馏出来的溶剂油、汽油、煤油、柴油、润滑油、石蜡、沥青等，以及经过裂化、催化而成的各种产品。目前每年排入海洋的石油污染物 1000 多万吨，主要来源：①河流和沿海工业排入；②油船的压舱水、洗舱水和其他船上污水排入；③海底油田开发和油井、油轮失事；④油矿天然泄漏。特别是一些突发性的事故，一次泄漏的石油量可达 10 万吨以上，出现这种情况时，大片海水被油膜覆盖，将促使海洋生物大量死亡，严重影响海产品的价值以及其他海上活动。

石油污染后，海区的生物要经过 5~7 年才能重新繁殖。1kg 石油完全氧化需要消耗 40 万 L 海水中的溶解氧，这样就会造成海水缺氧导致海洋生物窒息死亡。同时，当石油泄漏到海面，几小时后，便会发生光氧化学反应，所生成的过氧化物就对海洋生物有很大的毒害作用。另一方面，油液易堵塞海兽和鱼类的呼吸器官，也会使海兽和鱼类窒息而死。据研究，当海水中含油浓度为 0.01mg/L 时，孵出的鱼畸形率为 25%~40%；海水含油浓度为 1mg/L 时，24h 内大海虾幼体能死亡一半；海水中如含有 1% 的柴油乳化液，就能完全阻止海藻幼苗的光合作用。油污还会使海洋中的鱼类遗传器官受到影响，使鱼类繁殖的后代越来越小。

石油进入海洋后扩散成表面的一层膜状浮油，1L 石油可达 100~2000m² 的范围。膜状浮油造成以下影响：

①油膜隔绝了大气与海水的气液交换。

②油膜在生物降解过程中要消耗大量溶解氧。

③油膜减弱了太阳辐射能透入海水的能量，影响海洋绿色植物光合作用，降低海域生产力，破坏食物链。

④油浓度为 0.01mg/L，甚至更低的浓度时，鱼体就会出现油臭，严重影响食用价值。

⑤油污危害海洋动物，玷污鸟兽皮毛。

⑥石油成分本身有一定的毒性。

三、海洋污染对资源环境的影响

在海洋污染和滥捕的双重危害下，海洋生物资源逐渐减少。世界渔产最丰富的海域内捕获量一直在持续下降。目前 200 种海产鱼类资源中过量捕捞或资源下降的占 60%。全球海洋渔业资源正面临枯竭的危机，25% 的渔场遭破坏，世界 17 个主要渔场有 13 个面临困境。有的鱼种已濒临灭绝，珍贵的蓝鲸、灰鲸、长须鲸也即将绝迹。海豚、海象、海豹的数量也在急剧减少。重达 3t、易受伤害和以海草为生的北海牛，在 1741 年被发现后，由于人类的大量捕捉，几年后就灭绝了。最近几年接连发现巨鲸集体"自杀"，海鸟大量死亡，有 30 种海鸟面临灭绝的威胁。由于地中海海水污染严重，许多地段浮游生物和植物以及以它们为食料的动物已灭绝。在北海，每天都有数以千计的死鸟、死鱼和焦油沥青块随着潮水冲到海滩上。1986 年，黑海的捕鱼量为 90 万吨，10 年后只能捕到 10 万吨了。从海中捕起的鱼有 40%~50% 都患有"环境病"。1985 年捕到的蝶鱼和比目鱼，有 40% 患有肝癌，有的还患有溃疡病，体内含汞、铅量超出正常标准的 4 倍。

四、海洋污染的控制

在控制国际水域海洋资源危机和环境污染方面，国际社会采取了大量行动，制定了大量双边和多边国际条约，在有关国际组织和有关国家的共同参与下，采取了一些重要的国际合作行动。

保护海洋环境的国际行动是从防止海洋石油污染开始的。1954 年制定了第一个保护海洋环境的全球性公约《国际防止海上油污公约》。20 世纪 60 年代以后，先后制定了《国际干预公海油污事故公约》《国际油污损害民事责任公约》《国际防止船舶造成污染公约》等，完善控制船舶造成污染的国际法律制度及污染损害赔偿制度。1972 年，在伦敦通过了第一部控制海洋倾废的全球性公约，即《防止倾倒废物及其他物质污染海洋的公约》。在海洋资源保护方面，1946 年制定了《国际捕鲸管制公约》，设立了国际捕鲸委员会。1958 年在日内瓦召开的第一次联合国海洋法会议通过了《捕鱼与养护公海生物资源公约》，对海洋生物资源保护作了比较全面的规定。1982 年 4 月，第三次联合国海洋法会议经过近 10 年的讨论，以多数压倒通过了《联合国海洋法公约》，其中对海洋环境保护作了全面系统的规定。

另外，在沿海各国的共同努力下，先后就北海、波罗的海、地中海、中非和西非海域、红海和亚丁湾、东南太平洋区域、加勒比海、东非海域、东南亚等地区制定了一系列海洋环境保护条约和关于区域合作的行动计划。

我国政府对海洋环境污染和保护比较重视，从 20 世纪 70 年代起开展了大规模的海洋环境污染调查、检测和研究工作。21 世纪又启动了多项海洋环境和资源的调查和研究工作。国家建设了多个有关海洋的重点实验室，依托这些重点实验室开展了卓有成效的海洋环境科学和资源保护的研究工作。

第四节　土壤污染

一、概念

土壤是地理环境统一体中的一个组成要素，它是指覆盖在地球陆地表面上能够生长植物的疏松层。

（1）土壤结构组成：土壤是由固体、液体和气体三类物质组成的。固体物质包括土壤矿物质、有机质和微生物等。液体物质主要指土壤水分。气体是存在于土壤孔隙中的空气。土壤中这三类物质构成了一个矛盾的统一体。它们互相联系、互相制约，为作物提供必需的生活条件，是土壤肥力的物质基础。

（2）土壤功能：具有提供和协调植物生长所需的营养条件（水分与养分）以及环境条件（温度和空气）的能力，并具有同化和代谢外界输入物质的能力。

（3）土壤污染：指有害物质的含量超过了土壤自然本底的含量和土壤的自净能力，因而破坏了土壤系统原来的平衡，使土壤的作用和理化性质发生了变化。

二、土壤污染的特点、种类和来源

环保部、国土资源部历时 8 年完成的《全国土壤污染状况调查公报》（2014 年）显示，全国土壤的点位超标率（指超标点位的数量占调查点位总数量的比例）为 16.1%，其中中度污染占 1.5%，重度污染占 1.1%；耕地的点位超标率是 19.4%，其中中度污染占 1.8%，重度污染占 1.1%。目前我国受镉、铬、铅等重金属污染的耕地面积近 2000 万 hm^2，占总耕地面积的 1/5，其中工业"三废"污染耕地 1000 万 hm^2。全国 1300 万 ~1600 万 hm^2 耕地受农药污染，虽然 DDT 已禁用 20 多年，但仍有检出。

（一）我国土壤污染的特点

我国土壤污染是在经济社会发展过程中长期累积形成的。工矿业、农业生产等人类活动是造成土壤污染或超标的主要原因。而与水体和大气污染相比，土壤污染具有隐蔽性、滞后性和难可逆性。治理土壤污染的成本高、周期长。

（1）土壤污染具有隐蔽性和滞后性。大气污染、水污染和废弃物污染等问题一般都比较直观，通过感官就能发现。而土壤污染则不同，它往往要通过对土壤样品进行分析化验和农作物的残留检测，甚至通过研究对人畜健康状况的影响才能确定。因此，土壤污染从产生污染到出现问题通常会滞后较长的时间。如日本的"骨痛病"经过了10~20年之后才被人们发现。

（2）土壤污染的累积性。污染物质在大气和水体中，一般都比在土壤中更容易迁移。这使得污染物质在土壤中并不像在大气和水体中那样容易扩散和稀释，因此容易在土壤中不断积累而超标，同时也使土壤污染具有很强的地域性。

（3）土壤污染具有不可逆转性或难可逆性。重金属对土壤的污染基本上是一个不可逆转的过程，许多有机化学物质的污染也需要较长的时间才能降解。譬如，被某些重金属污染的土壤可能要100~200年时间才能够恢复。

（4）土壤污染很难治理。如果大气和水体受到污染，切断污染源之后通过稀释作用和自净化作用也有可能使污染问题不断逆转，但是积累在污染土壤中的难降解污染物则很难靠稀释作用和自净化作用来消除。土壤污染一旦发生，仅仅依靠切断污染源的方法往往很难恢复，有时要靠换土、淋洗土壤等方法才能解决问题，其他治理技术可能见效较慢。因此，治理污染土壤往往不易采取大规模的消除措施，因其治理成本较高、治理周期较长、难度大。

鉴于土壤污染难以治理，而土壤污染问题的产生又具有明显的隐蔽性和滞后性等特点，因此土壤污染问题一般都不太容易受到重视。

（二）土壤污染的种类和来源

1. 重金属污染

主要来自工业"三废"排放和农业的生产活动。

（1）工业"三废"排放：汞、镉、铅、铬、砷、锌等重金属会引起土壤污染。这些重金属污染物主要来自冶炼厂、矿山、化工厂等工业"三废"排放和汽车废气沉降。公路两侧易被铅污染。土壤一旦被重金属污染，是较难彻底清除的，对人类危害严重。

（2）农业的生产活动：砷被大量用作杀虫剂和除草剂，磷肥中含有镉。

利用生活污水和工业废水灌溉农田，使有毒有害物质吸附和沉积在土壤中，并通过植物吸收进入食物链。土壤中含 Cd 一般为 0.3~0.5mg/L，超过 1mg/L 就算被污染。土壤对 Cd 忍受性最小，而对 Cd 吸附力却很强。

2. 农药和化肥有机物污染

现代化农业大量施用农药和化肥。凡是残留在土壤中的农药和氮、磷化合物，在发生地面径流或土壤风蚀时，就会向其他地方转移，扩大土壤污染范围。

（1）化学农药的污染：目前化学农药已多达数千种以上，全球每年约生产化学农药数千万吨。中国农药生产量居世界第二位，但产品结构不够合理，质量较低，产品中杀虫剂占 70%，杀虫剂中有机磷农药占 70%，有机磷农药中高毒品种占 70%。

（2）化肥对土壤的污染：我国每年施用化肥达数千万吨。长期使用氮肥会使土壤结构破坏。化肥中 CN 化合物等有毒物质残留在土壤中。我国缺钾耕地面积已占耕地总面积的 56%。约 50% 以上的耕地缺乏微量元素，70%~80% 的耕地养分不足。由于有机肥投入不足，化肥使用不平衡，造成耕地土壤退化、耕层变浅、耕性变差、保水肥能力下降。

3. 病原菌污染

禽畜饲养场的厩肥和屠宰场的废物，其性质近似人粪尿。利用这些废物作肥料，如果不进行物理和生化处理，则其中的寄生虫、病原菌和病毒等可引起土壤和水域污染，并通过水和农作物危害人群健康。

4. 大气沉降物

大气中的二氧化硫、氮氧化物和颗粒物，通过沉降和降水降落到地面。北欧的南部、北美的东北部等地区，雨水酸度增大，引起土壤酸化，土壤盐基饱和度降低。

5. 放射性污染

主要有两个方面，一是放射性试验，二是原子能工业中所排出的三废。由于自然沉降、雨水冲刷和废弃物堆积而污染土壤。土壤受到的放射性污染是难以排除的，只能靠自然衰变达到稳定元素时才结束。这些放射性污染物会通过食物链进入人体，危害健康。

6. 固体废物

主要指城市垃圾和矿渣、煤渣、煤矸石和粉煤灰等工业废渣。固体废物的堆放占用大量土地而且废物中含有大量的污染物，污染土壤、恶化环境，尤其城市垃圾中的废塑料包装物已成为严重的"白色污染"物。现代的城镇居民生活废物中有很大一部分就是固体废物，而固体废物中最多的、对环境影响最大的也就是白色污染物。

白色的一次性塑料碗、一次性塑料杯、农用塑料薄膜等比比皆是。由于这些塑料物质很不容易被分解，所以当这些物质最后丢落到土壤中时，肯定对土壤产生极大的影响。它们在土壤中有可能一待就是好几百年或者更长，同样也会对土壤的再生能力构成极大的威胁。

三、土壤污染的危害和改良措施

（一）土壤污染的危害

（1）土壤污染导致严重的直接经济损失。

（2）土壤污染导致食物品质不断下降。

（3）土壤污染危害人体健康。

（4）土壤污染导致其他环境问题。

（二）已污染土壤可采取的改良措施

（1）可用排水的办法。

（2）改变耕作制度，促进污染物分解。

（3）采取深翻土地的方法。

（4）采取换客土的办法。

第五节　固废污染

一、概念

固体废物（solid waste）亦称废物，是指在生产、生活和其他活动中产生的丧失原有利用价值或者虽未丧失利用价值但被抛弃或者放弃的固态、半固态或置于容器中的气态的物品、物质以及法律、行政法规规定纳入固体废物管理的物品、物质。

废物具有相对性，一过程的废物，往往可以成为另一过程的原料，所以有人说固体废物是"被错待了的原料"，"废物"不废，更不该"弃"，而应加以利用。因此正确的说法是"固体废物"，而不宜说"固体废弃物"。

二、固体废物的分类

按其组成可分为有机废物和无机废物；按其形态可分为固体（块状、粒状、粉状）和泥状的废物；按其来源可分为工业废物、矿业废物、城市垃圾、农业废物和放射性废物等；按其危害特性可分为有害有毒废物和一般废物。

"我国制定的《中华人民共和国固体废物污染环境防治法》从固体废物管理的需要出发，将固体废物分为生活垃圾、工业固体废物和危险废物三大类。

（一）生活垃圾

生活垃圾是指在日常生活中或者为日常生活提供服务的活动中产生的固体废物以及法律、行政法规规定视为生活垃圾的固体废物。它的主要特点是成分复杂，有机物含量高，产量不均匀。生活垃圾主要有纸品类、金属类、塑料类、橡胶类、玻璃类、废电池类、电子废物及有机垃圾等。生活垃圾的组分受生活区域的规模、居民生活习惯、消费水平、区域地理气候及季节变化等多种因素的影响。

我国城市垃圾年产量近 1.5 亿吨，且每年以 8% 左右的速度递增，有近 2/3 的城市陷入垃圾围城的困境。目前城市生活垃圾中比较突出的是电子废物及塑料薄膜白色污染。至今，许多城市（尤其是城乡结合部）的垃圾仍采取在较裸露位置堆放处理，无任何防护措施，蚊蝇滋生、老鼠成灾、臭气漫天，大量垃圾污水由地表渗入地下，对大气、土壤、水体环境造成了很大的污染，严重危害人类健康。

1. 电子废物

电子废物主要有报废的电脑、冰箱、电视机、洗衣机、手机及油烟机等各种家用电器。电子产品含有大量有毒有害物质，不恰当地处理这类废物将会对环境造成严重的污染。电子垃圾不仅产量逐渐增大而且危害严重，已成为困扰全球的大问题，特别是发达国家。

2. 白色污染

人们日常生活中使用的大量的废弃包装用塑料膜、塑料袋、农用薄膜和一次性塑料餐具等，在环境中长期不被降解，散落在市区、风景旅游区、水体、公路和铁道的两侧，影响景观，污染环境。由于废塑料制品多呈白色，所以将其对环境的污染统称为"白色污染"。

塑料不易分解，如果进行填埋处理，它进入土壤之后长期不腐烂，占用大量的土地资源，而且影响土壤的通透性和渗水性，破坏土质，严重危害植物的生长，降低土地的使用价值，带来长期的深层次的环境问题。而焚烧处理塑料垃圾，如果处理不妥，会释放出多种有害的化学物质，对大气造成二次污染。

"白色污染"，是当今严重的污染源之一，其主要的成分是塑料垃圾。塑料垃圾在自然界中很难降解，一般降解周期为200~400年。抛弃塑料垃圾不仅严重损害环境景观，更严重的是会造成土壤恶化；被牲畜误食会使其生病，甚至死亡；抛入河流、湖泊会影响航运，使水质变坏。尤其会对海洋生物构成严重威胁，堪称"海洋生物杀手"。在普里比欲群岛每年至少有5万只北方海狗死亡，经检查证实是吃了塑料垃圾。另外，塑料制品在高温加热时产生的"二恶英"对人体有致癌作用。其所造成的负面影响远远超过其实际利用价值。而我国又是塑料袋的使用大国，每天有大量塑料购物袋从各个商业零售网点免费流入到顾客手中。

3. 废电池的处理

为贯彻《中华人民共和国固体废物污染环境防治法》，保护环境，保障人体健康，指导废电池污染防治工作，2003年10月9日，国家环境保护总局和国家发展与改革委员会、建设部、科技部、商务部联合发文给各省、自治区、直辖市环境保护局（厅）、计委、经贸委（经委）、建设厅、科技厅、外经贸委（厅），批准发布《废电池污染防治技术政策》（环发〔2003〕163号）。该技术政策作为指导性文件，自发布之日起实施。该技术政策适用于废电池的分类、收集、运输、综合利用、贮存和处理处置等全过程污染防治的技术选择，指导相应设施的规划、立项、选址、施工、运营和管理，引导相关环保产业的发展。该政策指出，在目前缺乏有效回收的技术条件下，不鼓励集中收集已达到国家低汞或无汞要求的一次性使用废电池。

必须指出，非环保电池是不能随意丢弃的。废氧化汞电池、废镉镍电池、废铅酸蓄电池都属于危险废物，应该按照有关危险废物的管理法规、标准进行管理。环保组织仍然可通过宣传和普及有害的废电池污染防治知识，提高公众环境意识，促进公众对废电池管理及其可能造成的环境危害有正确了解，实现对废电池科学、合理、有效的管理。政府应制定鼓励性经济政策等措施，加快符合环境保护要求的废电池分类收集、贮存、资源再生及处理处置体系和设施建设，推动废电池污染防治工作。

城市居民一般平均每人每天产生1.2kg生活垃圾，一年高达达440kg之多。根据现代的生活水平，这些垃圾中32%为生物垃圾、18%为塑料垃圾、8%为纸垃圾、4%为纺织品、3%为金属、1.5%为玻璃制品。塑料制品大分子化学结构稳定，自然条件下难以降解，焚烧又会放出有害浓烟，含有二恶英，污染环境。

我国垃圾集中处理采取的措施主要有以下几种：

（1）填埋：填埋是最原始最常见的城市垃圾处理技术，一般有露天堆放、自然填沟和填坑等方式，这些方式也是最不卫生的做法，是病虫、病菌的繁殖之地，危害人体健康，并且污染空气、水源和影响市容，已被许多国家禁止。填埋还占用大量的土地，不仅破坏大量宝贵的耕地，而且造成许多隐患——有毒化学物质的产生、害虫和病菌的滋生、水源和土壤的污染、爆炸性气体渗漏。填埋垃圾等于制造定时炸弹，如不尽早采取措施，将来会付出昂贵的代价。大多数垃圾填埋方式都是简易填埋，忽视了处理中的环境管理。填埋导致了大气污染、水污染等二次污染严重。卫生填埋是垃圾处理必不可少的最终处理手段。卫生填埋场的规划、设计、建设、运行和管理应严格按照《城市生活垃圾卫生填埋技术标准》《生活垃圾填埋污染控制标准》和《生活垃圾填埋场环境监测技术标准》等要求执行。科学合理地选择卫生填埋场场址，有利于减少卫生填埋对环境的影响。场址的自然条件符合标准要求的，可采用天然防渗方式。不具备天然防渗条件的，应采用人工防渗技术措施。应当坚持垃圾填埋场的环境影响评价和环境监测，加强垃圾填埋的环境监督管理。

（2）堆肥：食物垃圾（或称"厨余垃圾""餐余垃圾"）约占生活总量的1/4~1/3。食物垃圾和其他一些有机垃圾具有分散、量大、处理困难、容易污染环境等特点。采用堆肥方式，不仅减少了垃圾污染，而且使之与其他垃圾成分分离，加快了垃圾分类，有利于城市生活垃圾的全面处理。但堆肥容易造成地下水污染，发酵不成熟，堆肥效果不理想，堆肥产生大量甲烷，处理不好可能引发爆炸。堆肥场所应选在通风的地域，并远离地下水源。

（3）焚烧：焚烧的成本很大，焚烧不完全易产生二恶英，造成大气污染。垃圾焚烧场的建立应严格遵守三同时制度、环境影响评价制度、环境标准制度和环境监测制度。垃圾焚烧要和利用发展结合起来。

我国各城市基本配套建设了垃圾清扫、收集、贮存、运输和集中处置设施、场所，大多数城市实行了城市生活垃圾集中处置，少数城市正在实施垃圾分类收集制度。按照污染者付费的原则，政府要加快完善环境基础设施使用和服务收费制度，鼓励民间资本参与环境基础设施建设和运营，在投资、税收、征地、就业用工等方面给予优惠政策。要加强公众参与力度，垃圾分类是处理固体废物的一项有效的措施。

（二）工业固体废物

工业固体废物是指在工业生产活动中产生的固体废物，其中有很多属于危险废物。对于危险废物下面将另立专条叙述。

工业固体废物按行业主要包括以下几类:冶金工业固体废物、能源工业固体废物、石油化工工业固体废物、矿业工业固体废物、轻工业工业固体废物、城市建筑废物、其他工业固体废物。

1.固体废物的危害

（1）城市固废造成对水体的污染

①固废可随雨水径流进入地面水体。

②固废的有害成分通过土壤渗漏进入地下水体。1980年美国的"腊芙运河（Love Canal）污染案"就是例子。工业固废的垃圾填埋场除了一般生活垃圾填埋场存在的化学物质污染问题外，往往还含有工业废料带来的放射性物质引起的放射性污染。

③通过倾倒废物直接倾入而污染湖泊、河流、海洋。

（2）固废对空气的污染

①固废的恶臭在空气中的散发。

②细颗粒废物在空气中的扩散。

③有害气体、粉尘、放射性物质在大气中的扩散。

（3）固废对土壤的污染

植物吸收固废中的污染物质而进入食物链，最终影响人体健康。

2.固体废物的管理及消除污染的途径

固体废物处理的原则仍然是减量化、无害化、资源化、稳定化。应以减量化、资源化为核心，大力综合利用工业固体废物，妥善处置未利用的工业固体废物。对工业固体废物综合利用进一步实行鼓励优惠政策，确保现有的政策落实；制定促进废物利用的强制性和指示性的法规、准则；禁止建设无工业固体废物污染处理设施的项目，制定淘汰的产生固体废物严重污染的工艺、设备的名录。对现有露天贮存工业固体废物，无专用的贮存设施、场所的企业，要限期建设。限期内未建设的，禁止产生新的工业固体废物，对排放工业固体废物的企业要限期禁止排放。健全工业固体废物的环境法规和标准，强化和落实对工业固体废物产生、收集、运输、利用、贮存和处置、排放的监督。

（三）危险废物

1.危险废物的定义

危险废物是对环境影响极为恶劣的废物。由于有许多政府机构负责管理与处置危险废物，所以它有很多定义。

《中华人民共和国固体废物污染环境防治法》中规定：危险废物是指列入国家危险废物名录或者根据国家规定的危险废物鉴别标准和鉴别方法认定的具有危险特性

的固体废物。这个定义是从归类来划定的，并未表明危险废物的本质。

美国的定义是"能引起或助长死亡率的上升或严重不可恢复的疾病，可造成严重残疾，在操作、储存、运输、处理或其他管理不当时，会对人体健康或环境带来重大威胁的废物称为危险废物"。

世界卫生组织的定义则是："根据其物理或化学性质、要求必须对其进行特殊处理和处置的废物，以免对人体健康或环境造成影响的废物称危险废物。

综上所述，本书将危险废物定义为：当操作、储存、运输、处理或其他管理不当时，会对人体健康或环境带来重大威胁，因而必须对其进行特殊处理和处置的极为恶劣的固体废物称为危险废物。

2. 危险废物的危害

危险废物不仅包括医院垃圾、废树脂、药渣、含重金属污泥、酸和碱废物等，还包括确认为急性危险废物的商业化学品及其中间产物、半成品、残留物，以及放射性核废料等。危险废物的特性通常包括急性毒性、爆炸性、易燃性、腐蚀性、化学反应性、浸出毒性和疾病传染性。并以其特有的性质对环境造成污染，如果不处置或处置不当，其危害是严重的、长期的、潜在的，其中的有毒有害物质对人体和环境构成很大威胁。一旦危险废物的危害性爆发出来，不仅可以使人畜中毒，也可因无控焚烧、风扬、风化而污染大气环境，也可因雨水渗透污染土壤、地下水，由地表径流冲刷而污染江河湖海，从而造成长久的、难以恢复的隐患及后果。受到污染环境的治理和生态破坏的恢复不仅需要很长时间，而且要付出高昂的代价，有的甚至无法恢复，造成的损失有时难以用金钱衡量。危险废物大部分来自化学和石油化学工业。现在全世界已登记的化学物质 700 多万种，正在使用的有约 6 万种，每年有数千种新的化学物质投放市场。

3. 危险废物现有的处置、处理方式及存在的问题

（1）将危险废物变废为宝，用作另一产品的生产原料。如将电石渣用作水泥掺和料，生产抗生素的企业将全部医药废物再加工制成动物饲料添加剂等。实际操作中往往只将其看成原料，而忽略了其作为危险废物的特性，容易造成二次污染。

（2）由生产厂家自行回收，返回生产工艺再利用。如某些企业的石棉废物、废钢板及边角料，均可回收再用于生产。也容易因操作上的随意性和不规范性而造成污染。

（3）由其他专门单位收购。目前，有不少企业通过将加工厂可提炼有价值物质的危险废物卖给某些专门收购单位来实现危险废物的转移。比较常见的含铜蚀刻液、

含铅冶炼废物等，均有相当的再利用价值。但收购单位往往没经营许可，不利于管理。

（4）综合利用。比较常见的如将含重金属污泥废物通过一定的科学比例烧砖。但在实际操作过程中常因工作人员素质较低，难以科学化处理，造成二次污染。

（5）焚烧处理。如对医院临床废物、过期的废物药品等，一般采取焚烧处理。但由于焚烧不规范，给周围居民带来极大的污染危害。

（6）非法转移。部分企业未经环保部门审核批准，擅自将危险废物转移给个体户及乡镇企业拆解；部分企业为图眼前利益，擅自将危险废物实施跨区、跨省甚至跨国转移，造成极大的污染隐患。

（7）直接排入环境。目前除部分得到综合利用外，有些危险废物混在生活垃圾或其他工业固体废物中排放，大部分危险废物堆放在工厂内或由企业自行简易储藏，对环境造成极大污染，对公众健康造成危害。

4.处理处置危险废物的对策

（1）危险废物的处置方向：强调危险废物污染环境的危害性，并非说危险废物很可怕，只要处理处置合理，如通过解毒、焚烧、稳定化、固化和安全填埋等处理处置措施，危险废物的危害性就能降到最低程度。如一些含重金属的污泥，如果随意堆放或处置不当，对环境的危害是不言而喻的，但通过采取脱水和惰性材料稳定固化后，其化学性质非常稳定，重金属成分几乎不被浸出。但是如果要求所有废物产生单位都建立自己高水平的处置设施，一般企业是没有能力做到的。同时我们也应避免重复建设引起不必要的浪费，而且如果危险废物处置设施分散在众多企业，环保部门在监测、管理上也顾不过来，容易出现漏洞。集中处置是危险废物安全、无害化处理处置的发展方向。就危险废物污染环境的现状来看，集中处置已迫在眉睫。

（2）对策：第一，根据国家的法律政策，进一步加强地方性相关法规、部门规章的制定，从从法律规章制度的层面规范企业对危险废物的处置。第二，加大对危险废物集中处置要求及安全无害化处理重要性的宣传力度，提高产废企业遵守法律、法规的自觉性及社会公众参与危险废物的安全无害化处理处置的积极性。第三，在处理固废方面目前存在比较大的管理空白，大众的环保意识较薄弱。因此应加强教育，普遍提高公众的环保意识、道德观念，摒弃随便丢抛垃圾的陋习。第四，完善全过程管理的机制，建立起一套从产生、收集、贮存、运输、利用、处置全过程的行之有效的管理模式，提高危险废物管理的可操作性。第五，增强执法力度，严格执行危险废物的排污申报登记、转移联单管理、许可证管理、行政代执行等制度，执法要严，打击要狠，杜绝企业存在侥幸心理，提高企业集中处置的自觉性。第六，提高服务意识，切实做到无害化处置。作为有集中处置资质的公司，应提高服务意识，建立服务承诺制，公开流程，设立通俗易懂的宣传说明栏，培养为人民服务的岗位风气，使企业放心、安心地将危险废物运交处置场集中处置。

危险废物污染控制目标：在一些重点城市建设一批危险废物处置设施，提高危险废物处置率，并实现重点行业危险废物的零排放。

第七章　自然资源的生态保护

第一节　自然资源的概念与分类

一、概念与分类

1972 年联合国的环境规划署指出："所谓自然资源，是指在一定的时间条件下，能够产生经济价值以提高人类当前和未来福利的自然环境因素的总称。"在这个定义中可看出自然资源必须是自然过程所产生的天然生成物，而且对人类来说要有利用价值。换句话说，自然资源即自然环境中能够满足人类生活和生产需要的任何组成成分。它包括空气、淡水、土地、森林、草原、野生生物、各种矿物和能源等。

自然资源可分为：

（1）不可枯竭的自然资源：太阳能、风能、潮汐能、水力等，其数量丰富、稳定，几乎不受人类活动而影响，更不会因人类的利用而枯竭。

（2）可枯竭的自然资源：这类资源有的会枯竭，有的只是在不适当利用时才会枯竭。其中包括：

①可更新自然资源：可借助于自然循环或生物的生长、繁殖而不断更新。指生物资源、动态非生物资源（如地下水资源）、人力资源。

②非更新自然资源：基本上没有更新能力，但有些可借助于再循环而被回收，得到重新利用，有的则是一次消耗性。其中又可细分为：

a.可回收的非更新自然资源，如金属矿物。

b.不可回收的非更新自然资源：能源矿物、一次消耗性的金属，如电镀层的锌、银。

二、可更新资源的科学管理

自然资源的生态保护就是以资源生态学为基础，通过生物、经济、政治、法律等手段，对自然资源进行生态系统的管理，从而保护自然资源。

（一）最大持续产量

自然资源的保护受自然更新能力的限制，因此对某种自然资源，要了解其最大持续产量。资源的最大持续产量就是该种资源当我们最大限度地、持续地利用它的时候，并不会损害其更新能力的产量（包括能力）。最大持续产量原则就是在最大限度地开发、利用某一种可再生资源的同时，应注意保护其资源系统以维持最高再生能力的原则。由于最大持续产量模式而没有考虑经济学因素，所以最大持续产量未必是经济收益最大的产量。因此，在资源的科学管理上，不应只考虑生物学原理，还应将经济学的、环境科学的和政治的因素综合在一起，以便使各方面协调起来。

（二）伏季休渔

为了进一步加强对海洋渔业资源的保护，促进我国渔业持续、健康、稳定的发展。经国务院批准，从 1995 年起我国实行海洋伏季休渔制度。所谓的伏季休渔即在一定的时间段和海域范围内，禁止某些作业类型（如拖网、帆张网、灯光围网作业等）的渔业生产。在休渔期间，渔船必须船进港、网入库、人上岸、证集中。渔政人员和水上派出所日夜进行海上巡逻，凡违反禁渔规定，即电、炸、毒鱼者，将按《渔业法》最高罚款金额给予处罚。伏季休渔自 1995 年正式实施以来，得到了较为全面有效地执行，休渔范围、时间和作业类型不断扩大。目前，休渔海域覆盖了我国管辖的全部四个海区，涉及沿海 11 个省（自治区、直辖市）以及香港、澳门特别行政区的港澳流动渔船、休渔渔船约 12 万艘，休渔渔民上百万人，是迄今为止我国在渔业资源管理方面采取的覆盖面最广、影响面最大、涉及渔船渔民最多、管理任务最重的一项保护管理措施，已成为在国内国外上具有较大影响的渔业管理制度。"今天不吃子孙鱼，明天子孙有鱼吃"，伏季休渔制度实施近三十年来，主要经济种类产卵群体和幼生群体得到了有效保护。实施海洋休渔，不仅使我国的海洋捕捞产量保持在 1400 万 t 的生产水平，还显著提高了捕捞生产效率，增加了渔民的实际收入，改善了海洋生态环境。

目前滥用自然资源的原因主要是：①人们贪图暂时的、眼前的利益；②基本生活需要不足，导致对资源的滥采；③资源供应量与价格之间的矛盾，驱使人们增加对资源的索取；④对某一种资源的最大持续产量往往难以准确估计。

（三）循环经济

现代对资源利用的 4R 原则，即：Reduce waste，Reuse，Recycle，Reduction，根据的是生态系统的物质循环原理。在这种原则下现代国内外经济潮流中出现了循环经济的新理念。随着经济增长、人口增加和资源的不足，环境恶化的矛盾越来越突出，人们经过对"大量生产、大量消费、大量废弃"的粗放型经济增长方式进行反思。倡导建立资源节约型社会，一种以资源高效利用和循环利用为核心，以低消耗、低排放、高效率为特征，有效利用资源和保护环境为基础的全新经济发展模式受到重视成为国际经济界的新理念。循环经济是一种"促进人与自然的协调与和谐"的经济发展模式。从物质流动的方向来看，传统工业社会的经济是一种单向流动的线性经济，即"资源—生产—消费—废弃物排放"，其增长依靠的是高强度地开采和消耗资源，同时高强度地破坏生态环境。循环经济要求运用生态学规律把经济活动组织成一个"资源—生产—消费—再生资源"的反馈式流程，以最大限度地利用进入系统的物质和能量，提高经济运行的质量和效益，获得尽可能大的经济效益和社会效益，从而使经济系统与自然生态系统的物质循环过程相互和谐，达到资源能够多次利用和环境得到有效保护的目的。

（四）低碳经济

全球气候变化对人类生存和发展的挑战日益严峻，以低能耗、低污染、低排放为基础的低碳经济（Low carbon economy）模式应运而生，新能源技术、绿色产业经济为核心的低碳经济已成为当前人类发展的新模式，是人类社会继农业文明、工业文明之后的又一次重大进步。发展低碳经济正成为全球很多国家实现可持续发展的重要战略选择。所谓低碳经济，是指在可持续发展理念的指导下，通过技术创新、制度创新、产业转型、新能源开发等多种手段，尽可能地减少煤炭、石油等高碳能源消耗，减少温室气体排放，达到经济社会发展与生态环境保护双赢的一种经济发展形态。低碳经济实质是能源高效利用、清洁能源开发、追求绿色 GDP 的问题，核心是能源技术和减排技术创新、产业结构和制度创新以及人类生存发展观念的根本性转变。低碳经济有两个基本特征：一是包括生产、交换、分配、消费在内的社会在生产全过程中的经济活动的低碳化，达到碳排放量最小化乃至零排放，获得最多的生态经济效益；二是低碳经济倡导能源经济革命，形成低碳能源和无碳能源的国民经济体系，真正实现生态经济社会的清洁发展、绿化发展和可持续发展。

（五）低碳生活

低碳生活（Low-carbon life）就是把生活中所耗用的能量尽量减少，从而降低二氧化碳的排放量。低碳生活的核心内容是低污染、低消耗和低排放，以及多节约。

第二节　水资源的保护

水不但是人类和一切生物赖以生存的物质基础，而且是可以更新的自然资源，能通过自己的循环过程不断地复原。

一、全球水的总储量及分布

地球水圈中各个环节和各种形态的水都称为水资源。地球上水的总储量估计为13.9 亿立方千米，其中海水占 97.41%、淡水占 2.59%。淡水中 77.2% 以冰的形式存在于冰盖、冰川中；地下水、土壤水占 22.4%；湖泊、沼泽占 0.35%；大气水占 0.04%；河流水占 0.11%。

可开发利用的水仅是地下水、土壤水、淡水、湖泊水等，这仅占淡水资源的22.8%，总共约 0.36 亿 km^3，占地球总水量的 0.3%。能参与全球循环得到再生的淡水资源只有 120 万 km^3，占不到地球总水量的百万分之一。

二、世界水资源面临的问题

根据地球储水量及分布，人类现可利用的淡水资源只有地球上水的很小一部分，而且有限的水资源也很难再分配，巴西、俄罗斯、加拿大、美国、印度尼西亚、中国、印度、哥伦比亚和扎伊尔等 9 个国家已经占去了这些水资源的 60%。从未来的发展趋势来看，由于社会对水的需求不断增加，而自然界所能提供的可供利用的水资源又有一定限度，因此突出的供需矛盾使水资源已成为当今全球性环境问题之一。

（一）水量短缺严重，供需矛盾尖锐

随着社会需水量的大幅度增加，水资源供需矛盾日益突出，水资源短缺现象非

常严重。联合国环境规划署公布的资料显示，全球性缺水人口已达 14 亿人。

世界上包括南极洲在内，有 300 多条河流或湖泊被两个或多个国家共有，47 个的国际河流、湖泊区域被两个或两个以上的国家共有。世界各国政治版图和河流流域相互交叉、重叠，为潜在的冲突埋下了伏笔。联合国在对世界范围内的水资源状况进行分析研究后发出警告"世界缺水将严重制约二十一世纪经济发展，可能导致国家间冲突。"同时指出全球已有 1/4 的人口为得到足够的饮用水、灌溉用水和工业用水而展开争斗。

（二）水源污染严重，"水质型缺水"突出

淡水数量的短缺足以引起人们的关注，而水的质量更是"致命的问题"。随着经济、技术和城市化的发展，排放到环境中的污水量日益增多。据统计，目前全世界每年约有 420 多 km³ 污水排入江河湖海中，污染了 5500km³ 的淡水。据联合国环境署和联合国大学曾共同发表的资料，地球上每 8s 就有一名儿童死于不洁水源导致的疾病，每年有 530 万人死于腹泻、登革热、疟疾等病，发展中国家 80% 的病例由污染水源造成，50% 的第三世界人口遭受着与水有关的疾病折磨，地球上一半居民没有合格的卫生条件。此外，污染的水源将 1/5 的淡水鱼置于"种族灭绝"的边缘。水源污染造成的"水质型缺水"加剧了水资源短缺的矛盾，导致居民生活用水的紧张和不安全性。

三、我国水资源的特点

（一）水资源总量不少，但人均、亩均占有水平很低

虽然我国河川径流量（地表水资源量）居世界第六位，但是平均年径流深 284mm，低于全球平均年径流深的 314mm。人均占有河川径流量仅为世界人均占有量的 1/4。耕地亩均占有河川径流量仅为世界亩均占有量的 3/4。所以从人均角度来看，我国是全球 13 个贫水国之一。

（二）水资源地区分布很不均匀，水、土资源的配置不相适应

我国水资源南多北少，相差悬殊。南方长江、珠江、浙闽台诸河、西南诸河等四个流域片，平均年径流深均超过 500mm，其中浙闽台诸河超过 1000mm，淮河流域平均年径流深 225mm；黄河、海深河、辽河、黑龙江四个流域片平均年径流深仅有 100mm，内陆诸河平均年径流深更小，仅 32mm。

我国水资源的地区分布与人口、土地资源的配置很不适应。南方四个流域片耕地面积占全国的 36%，人口占全国的 54.4%，拥有的水资源量却占到全国的 81%；而北方四流域片水资源总量只占全国的 14.4%，耕地面积却占全国的 58.3%。

（三）水资源年际、年内变化大，水旱灾害频繁

我国大部分地区受季风影响，水资源的年际、年内变化大。我国南方地区最大年降水量与最小降水量的比值达 2~4 倍，北方地区达 3~6 倍；最大年径流量与最小年径流量的比值，南方为 2~4 倍，北方为 3~8 倍。南方汛期水量可占年水量的 60%~70%，北方汛期水量可占年水量的 80% 以上。大部分水资源量集中在汛期并以洪水的形式出现，资源利用困难，且易造成洪涝灾害。南方伏秋干旱，北方冬春干旱，降水量少，河道径流枯竭（北方有的河流断流），造成旱灾，如遇持续的干旱年份，地下水位大幅度下降，有的地区不仅农作物失收、工业限产，而且人畜饮水都成问题。我国水资源量的年际差别悬殊和年内变化剧烈，是我国农业生产不稳定、水旱灾害频繁的根本原因。

（四）雨热同期是我国水资源的突出优点

我国水资源和热量的年内变化具有同步性，称作雨热同期。每年 3—5 月份后，气温持续上升，雨季也大体上在这个时候来临，水分、热量条件的同期有利于农作物的生长。这也是我国以占世界 6.4% 的土地面积和 7.2% 的耕地，养活了约占世界 1/5 人口的一个重要自然条件。当然，雨热同期只是就全国宏观而言的，南方有的地区，7—9 月份农作物生长旺盛，却高温少雨，成为主要的干旱期。

四、水资源的保护对策

（一）水源污染使现代的水处理工艺受到前所未有的挑战

为了实现基本控制我国水污染，使水环境质量逐步得到改善，为了到 2050 年实现较大改善的目标，所以制定两种基本对策：一是提高规划的城市废水处理率；二是加强推行节水减污的清洁生产力度，使工业用水量、废水量和污染负荷进一步降低。

在水的点源污染控制上，现代已经有了较为成熟的技术，并取得了显著的效果。处理控制不同点源污染物方面有大量的技术资料，特别是建设污水处理系统的技术。

对于农业非点源，因其产生污染的物质主要是营养盐、水土流失和农药，控制或减少由此引起的非点源污染的措施主要是一些水土保持措施，如：

（1）保土耕作，即增加土壤的植被覆盖度，以减少土壤的水蚀或风蚀。

（2）等高条形耕作，这项措施能有效地减少地面水流，从而减少因坡地引起的水土流失和营养盐流失。

（3）增加人工湿地与多塘系统。

（4）建立缓冲带，在非点源区与河道之间的植物带或湿地，对污染物有降解的作用，相对污染物直接进入河道来说，起着缓冲的作用。

（二）我国在保护水资源方面采取的措施

（1）有些城市采取收集雨水的方式以缓解水资源供求矛盾。如北京将建立雨洪利用工程，利用雨水缓解水资源供求矛盾。一些大型的场馆（如我国奥运会场馆）和校舍要建设雨水收集系统。这些工程除了采用收集屋顶、道路与绿地降雨外，还可采用将雨水收集引入地下渗沟回灌地下水，多余雨水储蓄用于灌溉、市政杂用等利用模式。

（2）用价格杠杆保护水资源。实行阶梯式收费控制水浪费，如果用水超标，同样 $1m^3$ 的水，将征收更多的钱，用水越多，每立方米单价越高。近年来大多城市都提高了生活用水附加的污水处理费。

（3）实施南水北调工程。我国水资源地区分布极不均匀，水土资源组合不平衡。南方占全国总数 54.7% 的人口、35.9% 的耕地，拥有占全国总量 81% 的水资源；北方水资源总量只占全国总量的 19%，而耕地却占全国的 64.1%，人口数占全国总数的 45.3%。南水北调工程的目的就是要缓解中国北方地区的缺水矛盾，实现水资源合理配置。但这样的工程对整个大环境生态系统的影响要进行环境影响评估。

（4）提高水的重复利用率和污水资源化。中水回用，尾水灌溉等技术。例如厦门曾经开展的生活污水上山，利用它来浇灌贫瘠的山地，这样不仅可以充分利用水资源，而且减少了污水直接排海造成的海域富营养化。

（5）海水淡化。采用膜技术淡化海水，目前在技术上已不成问题，主要在于如何降低成本，进一步提高能效。

世界上还有人提出了拖移冰山来获取淡水资源的设想。此工程在近期内还不能够实现，仍处于计划阶段。据估计，南极的一块浮冰就可以获得 10 亿 m^3 的淡水，可供 400 万人 1 年的用量。

第三节　森林资源的保护

森林是由乔木或灌木组成的绿色植物群体，森林与其中的动物、微生物和它所处空间的土壤、水分、大气、阳光、温度等组成森林生态系统。根据用途不同，可将森林资源分为五类。

防护林：以防护为主要目的的森林、林木和灌木丛。包括水源涵养林、水土保持林、防风固沙林、农田、牧场防护林、护岸林、护路林。

用材林：以生产木材为主要目的的森林和林木。包括以生产竹材为主要目的的竹林。

经济林：以生产果品、食用油料、饮料、调料、工业原料和药材等为主要目的的林木。

薪炭林：以生产燃料为主要目的的林木。

特种用途林：以国防、环境保护、科学实验等为主要目的的森林和林木。包括国防林、实验林、母树林、环境保护林、风景林、名胜古迹和革命纪念地的林木，自然保护区的森林。

一、森林在生态环境中的重要性

森林维持了整个地球的生态系统，它不仅具有经济价值，而且具有生态价值，其生态价值较经济价值要大得多，森林在生态系统的服务功能表现在：

（1）森林能吸收二氧化碳，减缓温室效应的加剧，同时能制造氧气。森林能净化城市空气，吸收二氧化硫等一些有毒气体，对空气中的微粒和粉尘具有阻挡、滞留、过滤和吸收作用，其分泌的某些气体物质也具有杀灭空气中病菌的能力，根系分泌的有机酸可改良土壤。巨大的森林根系还能保持水土，防止水土流失。森林还能形成绿色"声屏障"，降低、消减噪声。

（2）森林能调节大气温度，降低风速，抗拒台风。城市森林形成优美景观，为人们提供舒适清新的休闲空间。

（3）森林能满足国家建设和人民生活的需要，为国家建设提供多种林副产品。目前世界上仍有1/3的人类以木材为做饭的燃料，但除了采伐人工的薪炭林和速生用材林外，我国已经停止砍伐本国的森林获取木材（包括纤维材料）和薪柴。

（4）森林可以涵养水源，保障农牧渔业的发展。人们常说农业是基础，水利是命脉，现在人们又进一步认识到林业是屏障。没有森林，全世界 70% 的淡水将白白流入大海，陆地上 90% 的动植物和人类将因没有森林蓄水涵养而面临干旱的威胁。

（5）森林是地球上许多生物物种的天然基因库，是保护生物多样性的殿堂。林区是各种生物的重要栖息地和繁殖区，如果没有森林，90% 的陆地生物将消失，珍贵动植物将减少甚至绝迹，这是很大的损失。

总之，森林是地球陆地生物圈的重要组成部分，是整个自然生态系统中的支柱。2011 年世界环境日的主题是"森林：大自然需要您的呵护（Forests：Natureat Your Service）。"森林植被的破坏必然会导致整个自然生态系统各组成因子相互失调，物质循环和能量流动发生重大变化，在生态环境上出现这样那样的问题，甚至严重的问题。

二、世界森林资源现状

据 20 世纪 70 年代资料显示，世界林地面积约为 48.9 亿 hm²，约占陆地的 1/4，为耕地面积的 3 倍以上，然而人们为了发展农业或出于其他目的而砍伐森林，已造成了世界森林量的迅速减少。

20 世纪 90 年代，全球的森林采伐面积估计每年可达 1600 万 hm²，但新造林和自然生长的森林增加的面积仅仅只有 520 万 hm²，因此每年净损失森林面积达到 880 万 hm²。全世界森林覆盖率平均值为 30.67%，各国和地区之间相差很大，在 200 多个国家和地区中森林覆盖率最大的是苏里南，为 95.13%；有 15 个国家和地区，像阿曼等接近于零。

由于非法采伐、管理不善和农业开垦，世界上许多在生态和经济方面都极具价值的森林，像亚马逊河和刚果河流域的热带雨林正在减少。这不但对当地生态环境造成巨大破坏，而且对整个地球生态环境有各种各样的影响，其影响归纳如下。

（一）可能引起全球性气候变化

在森林减少过程中，至少有 3000 亿吨干物质被烧掉，耗氧 4000 亿 t，向大气释放 CO_2 5500 亿吨，其中，10%~20% 通过光合作用被植物固定，40% 进入海洋，40% 左右停留在大气中，大气中 CO_2 浓度的增加会使"温室效应"加剧。

（二）引起物种变化和绝迹

森林是一个复杂的生态系统，在森林内部有各种各样的生态环境，蕴藏着丰富多彩的动植物种群。如果森林遭受破坏，那么栖息繁衍于林间的大小动物、微生物及林内各种植物难免同归于尽。尽管基因工程已诞生，而且预计将发展成为世界经济的一个主要部门。可是，在森林遭受破坏的情况下，热带雨林基因库的破坏将给基因工程的发展带来极大的困难，甚至是人类最大的无法弥补的损失。

（三）引起强烈的水土流失

热带地区暴雨多，雨量大，风化层疏松，热带森林一旦被破坏，极易造成大量的水土流失。例如亚马逊河流域，毁林地区土壤流失每公顷达 34 吨；秘鲁由于山区森林遭破坏，泥石流和山洪危害十分严重。

三、中国森林资源现状

我国森林资源现状主要有以下一些特点：

（一）树种繁多，类型多样

我国乔木、灌木的树种约 8000 多种，其中乔木有 2000 多种，包括 1000 多种优良用材及特种经济树种。森林中有约 200 多种树木可生产食用的粮食，100 多种可生产油料，180 多种树木可作为药材。

（二）人均森林资源少，覆盖率低

我国的森林资源清查是从 20 世纪 70 年代开始的，采用国际上公认的森林资源连续清查方法。森林覆盖率是通过森林资源清查获得的。清查工作中一个最重要指标是郁闭度。郁闭度是指林冠的投影面积与林地面积之比，是判定森林的重要标准。我国在早先四次（1994 年以前）的森林资源清查中，郁闭度 0.3 以上（不含 0.3）才能界定为森林，这个标准主要是参考了前苏联的森林密度标准而确定的，要求相当严格，这就使不少林地被排除在森林之外。实际上，联合国粮农组织和世界林业大会都曾规定森林郁闭度标准为 0.2 以上。从第五次森林资源清查开始，我国采用了新的郁闭度标准。《森林法实施条例》也将郁闭度标准修订为 0.2 以上（含 0.2）。新标准的实施，表明我国森林资源管理开始与国际接轨。在我国很多地区，森林效益主要体现为生态效益。因此有必要将一些郁闭度不高，但仍有生态效益的稀疏林地划为森林，加以保护和培育。新标准的启用在当前及今后相当长一段时间内，我国森林资源的保护、恢复和重建，乱占林地和毁林开荒问题的控制和解决，具有重要意义。

（三）森林分布不均

我国东部地区森林覆盖率为 34.27%，中部地区为 27.12%，西部地区 12.54%，而占国土面积 32.19% 的西北 5 省区森林覆盖率仅有 5.86%。

（四）森林资源结构不合理

森林资源结构不合理性表现为林种结构和林龄结构不合理。林种结构中用材林面积过大，防护林和经济林面积偏少，不利于发挥森林的生态效益和经济效益。林龄结构中幼龄占 33.8%，中龄占 35.2%，成熟林占 31%，成熟林比例小，近期可供采伐的森林资源不足。

（五）森林地生产力低

表现为林业用地利用率低，残次林多，单位蓄积量少和生长率不高。

四、保护森林资源的措施

目前我国对保护现有森林、绿化植树十分重视，除严禁乱砍滥伐、毁林开荒外，还大力动员全体人民植树造林，走一条可持续发展的道路，目标是到 21 世纪中叶基本建成资源丰富、功能完善、效益显著、生态良好的现代林业，主要措施包括以下几个方面。

（一）健全森林法制，加强林业管理

①建立和完善林业机构；②加强林业法制宣传教育；③严格落实森林采伐计划、采伐量、采伐方式；④严格采伐审批手续；⑤重视森林火灾和病虫害的防治；⑥用征收森林资源税的方法，加强森林保护。

（二）合理利用天然林区

利用森林资源要合理采伐，伐后要及时更新，使木材生长量和采伐量基于平衡，同时还要提高木材利用率和综合利用率。

（三）分期分地区提高森林覆盖率

2010 年全国新增了森林面积 3148 万 hm²，森林覆盖率达到 20.3%；预计到 2050 年，森林覆盖率达到 28% 以上。

（四）搞好城市绿化地带

由于我国城市绿化面积很低，应大力植树造林，把城市变成理想的人工生态系统。

（五）开展林业科学研究

重点开展经济效益、社会效益、环境效益三者之间关系的研究，力求三者协调发展。

（六）控制环境污染对森林的影响

大气污染物如 SO_2、NOx、酸雨及酸沉降物等都能明显对森林产生不同伤害，影响森林的生长、发育。水污染和土壤污染随着污染物的迁移、转化也将对森林产生影响。控制环境污染的影响有助于森林资源的保护。

为实现我国 2025 年森林覆盖率达到 24.1% 的目标，保障国土生态安全，要紧紧围绕建设生态文明、美丽中国，应着力抓好四个方面工作：一是全面深化林业改革，完善林业治理体系，提高林业治理能力，为加快林业发展注入强大动力；二是进一步调动全社会力量，实施好生态修复工程，搞好义务植树和社会造林，稳步扩大森林面积；三是扎实推进森林科学经营，扩大森林抚育，提升森林质量和效益，不断增强森林生态功能；四是严格加强森林资源保护管理，守住林业生态红线，落实好林地保护规划，推进依法治林进程。

五、加强城市森林建设

（一）城市森林的概念

我国在城市绿化建设中一直沿用中国古典园林的一些做法，引入城市森林的提法相对较晚，只是近年来随着城市化进程的加快而导致城市生态环境问题日益突出，城市森林建设才逐渐受到人们的重视。城市森林是指城市范围内、城市周边与城市关系密切的，以乔木为主体，达到一定的规模与盖度，与灌木、草本、各种动物和微生物以及周围的环境相互作用形成的统一体，包括花草、野生动物、微生物组成的生物群落及其中的建筑设施。包含公园、街头和单位绿地、垂直绿化、行道树、疏林草坪、片林、林带、花圃、苗圃、果园、水域等绿地。城市森林，以改善城市生态环境为主，促进人与自然协调发展，满足社会发展需求，是城市生态系统的重要组成部分。

（二）城市森林生态建设

城市森林以城市为载体，以森林植被为主体，以城市绿化、美化和生态化为目的。以人为本，森林景观与人文景观有机结合，对改善城市生态环境，加快城市生态化进程，促进城市、城市居民及自然环境间的和谐共存，推动城市可持续发展具有重要作用。

作为城市生态系统的一个子系统，城市森林规划应该从城市整体来考虑森林的结构和功能。城市森林生态建设应以生态效益、社会效益为主，同时兼顾经济效益。

在城市森林建设过程中，应尽量减少对原始自然环境的变动。树种的选择以地带性植被为主，以利于形成稳定、有地区特色的城市森林景观。不仅城市森林的外貌、组成和空间结构应该按照近自然式的配置模式，城市森林在造林、抚育、森林保护等各个环节上也应该采取近自然的管理模式。

城市森林恢复与建设的最终目标应该是改善自然与人、自然与经济、生物与生物、生物与环境之间的多元关系，城市森林各子系统之间、城市森林与城市生态系统和谐共存、协调发展，并能最大限度地发挥综合效益及其在城市可持续发展中的作用。具体目标主要体现在三方面：

（1）改善环境，实现城市生态系统良性循环。城市森林建设的核心目的是改善生态状况，特别是维持碳氧平衡、解决大气污染、加强空气对流、调节城市小气候环境、保护水源等问题。作为城市生态系统中具有自净功能的重要组成部分，通过城市森林的建设，从而实现城市生态系统的良性循环。

（2）提升城市风貌，体现城市森林的文化价值。城市森林文化也是城市文化和城市生态文明的重要组成部分，城市森林以其独特的形体美、色彩美、音韵美、结构美，凝结着现实的、历史的各种自然、科学、精神价值提供给城市优美舒适的生态环境。如厦门市的红树林体现了厦门亚热带特色的海湾风景城市景观。

（3）发挥城市森林的经济功能，促进第三产业发展。城市森林通过提供苗木、花卉等有形产品和制氧、净化空气、杀菌、滞尘等无形的生态服务功能产品，成为城市第三产业的一个重要组成部分。发挥城市森林的经济功能，有利于调动社会力量参与城市森林建设的积极性，克服城市森林建设过程中政府和企业的负担过重、土地流转及资金筹措等困难，促进循环经济的发展。

2005 年世界环境日的主题是"营造绿色城市，呵护地球家园"（Green Cities, Plan for the Planet），意在号召世人将建设城市森林与当代的环境保护联系起来。

（三）"国家森林城市"评价指标

2005 年 8 月，国家林业局发布了《"国家森林城市"评价指标（试行）》，并于 2007 年 3 月正式公布了《国家森林城市评价指标》，从组织领导、管理制度和森林建设三个方面规定了"国家森林城市"的评价标准。这使我国的城市森林建设有了明确的目标和准则。

第四节　矿产资源的保护

一、矿产资源及其特点

矿产资源是地壳在其长期形成、发展与演变过程中的产物，是自然界矿物质在一定的地质条件下，经一定地质作用而聚集形成，暴露于地表或埋藏于地下的具有利用价值的，呈固态、液态、气态的自然资源。一般将矿产资源视为不可更新资源，它可分为能源、金属矿物和非金属矿物。

矿产资源是自然资源的重要组成部分，是人类社会发展的重要物质基础。中国 92% 以上的一次能源、80% 的工业原材料、70% 以上的农业生产资料来自于矿产资源。与其他自然资源不同，矿产资源有以下几个特点：①不可再生性和可耗竭性；②区域性分布不平衡；③动态性。

二、世界矿产资源分布

世界矿产资源的分布极不平衡，它的分布和开采主要在发展中国家，而消费量最多的是发达国家。目前在世界上广泛应用的矿产资源有 80 余种，其中非能源矿产有铁、银、铜、锌、磷、铝土、黄金、锡、钵、铅等。世界非能源矿产资源分布总特征表现为分布很不平衡，主要集中在少数国家和地区。这与各国各地区的地质构造、成矿条件、经济技术开发能力等密切相关。矿产资源最丰富的国家有美国、中国、俄罗斯、加拿大、澳大利亚、南非等。较丰富的国家有巴西、印度、墨西哥、秘鲁、智利、赞比亚、扎伊尔、摩洛哥等。

非洲矿产资源储存量丰富，有"世界原料库"之称。目前，非洲大陆已发现了铝矾土、铬铁、钴、金刚石、黄金、锰、磷酸盐、铂族金属、钛、钒、锆等多种具有世界性优势的矿产资源，其储量占世界总储量的 20%~90%。而且，非洲的大多数矿床品位高、分布连续、易于规模化开采。矿业已成为很多非洲国家国民经济的基础性产业。

三、中国矿产资源的主要特点

我国是世界上矿产资源丰富、矿产种类较全、矿业生产规模较大、矿产品消费数量较多的国家之一。我国已查明的矿产资源约占世界的 12%，居世界第 3 位。但是人均矿产资源占有量仅为世界平均水平的 58%，居世界第 53 位。我国矿产资源既有优势，也有劣势。优劣并存的基本态势主要表现在以下几个方面：①矿产资源总量丰富，人均资源相对不足，地区分布广但不平衡，一些重要矿产的分布具有明显的地区差异。②矿产品种齐全配套，资源丰度不一，矿产质量贫富不均。贫矿多，富矿少，大多数品位低，能直接供冶炼、化工利用的较少，加之开采中采富弃贫，使矿产品位下降，富矿越来越少。③超大型矿床少，中小型矿床多。④共生矿多，单一矿少：我国复杂矿多，含有伴生和共生的元素达十多种或几十种，有的伴生组分的价值常常超过主要成分价值。

四、矿产资源开发利用存在的主要环境问题

（一）矿产资源利用不合理

采矿、选矿回收率低，矿产资源浪费严重。采矿回收率是指矿山实际采出的矿石量和探明的工业储量的比率，回收率越高，说明采出的矿石越多，丢失在矿井里的矿石少，矿山资源利用效益越高。然而我国矿山的回收率很低，不到 50%。由于管理不善，使许多优质矿产资源当作劣质资源使用。

（二）生产布局不合理

目前我国矿产分属许多部门管理（如能源矿产、黑色金属矿产、化工原料非金属矿产、建材等），这样使综合性的矿山很难得到全面的开发和利用。此外，小矿山的开采给资源造成很大的破坏，个体或小集体随意乱采，导致一些大型矿脉被破坏，给国家大规模采矿造成了困难。

（三）给周围环境造成污染和破坏

（1）水污染：主要由于采矿、选矿活动，使地表水或地下水含酸性，含重金属和有毒元素。这种污染的矿山水称为矿山污水。

矿山污染危及矿区周围河道、土壤，甚至破坏整个水系，影响生活用水、工农业用水。

（2）大气污染：露天矿的开采以及矿井下的穿孔、爆炸、矿石和废石的装卸、运输过程中产生的粉尘、废石场废石的氧化和自然释放出大量有害气体、废石风化形成的细粒物质和粉尘等，这些都会造成区域环境的大气污染。

（3）土地破坏和土壤污染：矿山开采，特别是露天开采造成了大面积的土地遭受破坏或侵占。

（4）地下开采造成地面塌陷及裂隙：当矿体采出后，原有的地层内部平衡遭到破坏，岩石破裂、塌陷，地表也随着下沉形成塌陷、裂缝，以及不易识别的变形等，直接或间接影响周围的环境及工农业生产，甚至威胁人们的安全。

（5）海洋矿产资源开发污染：海上油田的开采，以及在漏油、喷油、石油运输和精炼过程中都造成了海洋油污染，也是目前海洋污染的主要污染源之一。

五、矿产资源的合理利用

随着人口的急剧增加和经济的高速增长，人类对矿产资源的消耗也急剧增加。在矿产资源大规模开发利用过程中，不仅消耗了许多有限的、不可再生的资源，而且大大改变了生态系统的物质循环和能量流动，产生了严重的生态破坏和环境污染。目前矿产资源利用存在着极其严重的不合理和浪费现象。

为了合理利用矿产资源，应注意以下几个方面。

（一）树立珍惜和合理利用矿产资源的观念

我们要从维护国家经济安全、实现国民经济和社会发展第三步战略目标的高度出发，深入贯彻实施矿产资源法，使人们对我国矿产资源的现状有一个清醒的认识，唤起人们的危机感，切实加强矿产资源的保护和合理利用，并建立起矿产资源的法律体系，做到有法可依、有法必依、执法必严、违法必究。

（二）保障矿产资源国家所有权益

虽然《中华人民共和国矿产资源法》明确矿产资源属国家所有，由国务院行使国家对矿产资源的所有权，但由于矿产资源分散在地下，处于自然状态，极易造成谁占归谁、谁占谁得益的局面，致使"国家所有"成为一句空话，而且很多采矿者都只希望更快得益而不关心矿产的资产权益，不关心矿产的持续利用，因而采富弃贫，乱挖滥采，加速了矿产资源的耗竭。我们应切实保障矿产资源国家所有权益，造就规范的矿业权市场，提高矿产资源开发利用技术水平。

（三）开源与节流并重

严禁乱采滥挖，搞好资源的合理开发与综合利用，纠正浪费与破坏资源的现象。另外依靠科技进步，加强管理，努力降低工业生产过程中矿物原材料的消耗，提高资源的回收利用水平，防止与减少资源的损失和浪费。

第五节　生物资源与生物多样性保护

一、生物多样性的概念和保护的重要性

生物多样性是指地球上所有生命形式的总和，包括数以万计的动物、植物和微生物种类，它们所拥有的基因，以及它们与生存环境所组成的复杂的生态系统。

通常有如下四个水平（层次）。

（1）遗传多样性：指遗传信息的总和，包含在生物个体的基因内。

（2）物种多样性：指地球上生命有机体的多样化，目前有 500 万至 5000 万种或者更多，有描述的仅 140 万种。

（3）生态系统多样性：指生物圈中的生物、生物群落和生态过程等的多样化。

（4）景观多样性：有的学者把景观多样性也当作生物多样性的一个层次，因为景观是由相互作用的生态系统组合而成的异质性区域，是个体—种群—群落—生态系统再向上延伸的组织层次，它综合了人类活动与土地区域的整体系统。

生物多样性是地球上数十亿年来生命进化的结果，是生物圈的核心组成部分，也是人类赖以生存及国民经济、社会可持续发展重要的物质基础。

然而，随着地球人口的迅速增长与人类各种开发活动的加剧，生物多样性受到前所未有的严重威胁，物种灭绝的速率比自然状况下要高千倍以上，许多物种在其生物学特性和价值被认识之前就永远地消失了。因此生物多样性已成为当前国际上生态学与环境科学领域研究的重点之一。

生物多样性保护的重要性可以从以下几方面加以说明。

（一）生态学观点

世界是一个相互依存的整体，由自然界的各种生物和人类社会所组成，任何一方的健康存在和兴旺都依赖于其他方面的健康存在与兴旺。

人是生物圈中的一部分，生物圈各个部分在长期进化、生育过程中达到一种相互协调的状态，任何一方的破坏都会导致对人类社会的负面影响，支持生物圈的完整性同样使人类社会得到繁荣，保护生物多样性就是保护人类自己。

生物多样性保护有利于维持环境变化系统的复杂性，使生物圈有多种替换系统来维持其稳定。复杂系统比简单系统有更强的适应能力和生命力。

（二）经济学观点

生物多样性是人类赖以生存与发展的重要物质基础，它提供丰富的生物资源，是社会发展的根本基石，是一项全球性的财产。《中国生物多样性国情研究报告》初步评估，中国生物多样性的经济价值为 39330 亿元人民币。

（三）现实形势的要求

1997 年，世界自然保护组织联盟（华盛顿）公布了关于濒临灭种动物的年度报告：全球 5205 种动物生命受到了严重威胁，即 1/4 的哺乳动物以及 1/10 左右的鸟类将会面临灭绝危险。

41 年来，动物灭绝速度已达到正常灭绝速度的 1000 倍。

19 世纪以前一个世纪才有一种脊椎动物灭绝，而 20 世纪初到现在，平均每年就有一种动物销声匿迹。

我国国土、海域辽阔，自然条件复杂多样，地质历史古老，孕育了极其丰富的生物；又有 7000 年以上悠久的农业历史，培育繁殖了大量经济动植物，并保留了大量野生原型及近缘种。中国是世界生物多样性最为丰富的国家之一，有脊椎动物 6437 种，约占世界上脊椎动物种类的 10%，陆生野生动物多达 2400 余种，其中兽类 499 种、鸟类 1244 种、爬行类 376 种、两栖类 279 种、鱼类 3862 种，均属世界前列。其中大熊猫是脊椎动物的活化石。我国约有 30000 多种高等植物，占世界的 10%，仅次于世界植物最丰富的马来西亚和巴西，居世界第 3 位。其中裸子植物 250 种，苔藓植物 2200 种，蕨类植物 2600 种，占世界的 14%。属于中国特有的高等植物有 17300 种，其中银杏是最古老的裸子植物。在上述野生动植物中，大熊猫、朱鹮、金丝猴、华南虎、扬子鳄和水杉、银杉、百山祖冷杉、香果树等数百种珍稀濒危野生动植物为中国所特有。中国是全球 12 个"巨大多样性国家",居世界第 8 位,北半球第 1 位。在漫长的人类文明进程中,我国既有对生物培育与利用的丰富经验,也因对森林过度采伐、草场超载过牧,对动植物资源掠夺式开发利用、偷猎、偷采、酷渔滥捕、环境污染、旅游、围垦、采矿的不合理作业、以及外来物种的入侵,使我国成为生物多样性受到严重威胁的国家之一。

由于国家加强了生物多样性的保护力度,近年来的陆生野生动物资源调查和重点保护野生植物资源调查结果表明,部分野生动植物种群数量稳中有升,栖息环境逐渐改善,其中 55.7% 为国家重点保护的物种,扬子鳄、朱鹮、海南坡鹿等珍稀濒危野生动物种群成倍增加,大熊猫数量增加了 40%;被调查的 189 种国家重点保护野生植物中,野外种群达到稳定存活标准的占 71%。一些物种的分布区也在逐步扩展,黑嘴鸥、黑脸琵鹭、褐马鸡等物种的新纪录、新繁殖地或越冬地不断被发现;野外大熊猫分布县比上次调查时增加了 11 个,达到 45 个,大熊猫栖息地面积增加了 65.6%;100 多年未见踪迹、已被国际自然保护联盟宣布为世界极危物种的崖柏在重庆大巴山区被重新发现;笔桐树、白豆杉、观光木等物种也发现了新分布区。

但是,在一些地方生物多样性仍然受到自然和人为活动的破坏,自然生态系统不断退化,生境丧失和破碎化程度加剧,很多物种数量持续减少,遗传资源破坏和流失严重,外来入侵物种对生物多样性影响日趋严重。一些非国家重点保护的野生动植物,特别是具有较高经济价值的野生动植物种群仍未扭转下降趋势,部分物种仍处于极度濒危状态,单一种群物种面临绝迹的危险。朱鹮、黔金丝猴、鳄蜥、海南长臂猿、普氏原羚、河狸、普陀鹅耳杨、百山祖冷杉等单一种群物种不仅种群数量少,而且分布狭窄,一旦遭受自然灾害或其他威胁,有可能将面临绝迹的危险。

在我国 3 万种高等植物中,有 4000~6000 种(约占 15%~20%)已成为濒危或受到严重威胁的物种。在国际上公布的 640 个世界性濒危物种中,中国有 156 种,占 1/4。

从全球情况来看,生物多样性遭受破坏归纳起来的共同原因如下。

(1)自然因素:气候变化导致的自然生态系统不断退化。

(2)人为因素:主要有以下方面:

①狩猎、偷猎(象牙、犀牛角、虎豹、熊猫皮毛)。

②栖息地破坏和过度开发利用,全球 11 亿 hm² 热带雨林,一半为动物栖息地,现每年正以 1000 万 hm² 速度被摧毁。

③环境污染。

④战争，如伊拉克战争。

1991 年联合国环境规划署（UNEP）发起制定了"生物多样性计划和实施战略"，1992 年联合国环发大会通过了《生物多样性公约》（英文简称 CBD），1993 年起正式生效。《生物多样性公约》的三个主要目标是生物多样性保护、可持续利用和惠益共享。《生物多样性公约》中规定，遗传资源拥有国拥有主权，遗传资源进口国必须得到资源拥有国的事先知情同意。2002 年 4 月在海牙第六次《生物多样性公约》缔约方大会上，通过了关于获取遗传资源和惠益公正、公平分享的波恩准则。

我国是《生物多样性公约》的最早缔约国之一。中国履行《生物多样性公约》工作协调组是由 20 个部门组成，由国家环保总局牵头。

UNEP 制定了《生物多样性国情研究报告指南》《国家生物多样性规划指南》。1995 年起联合国将每年 12 月 29 日（2001 年起改为 5 月 22 日）定为"国际生物多样性日"。世界上许多国家制定了本国的生物多样性战略、行动计划和国情研究，在制定政策、法规的同时提出相关的科技和教育问题。

我国于 1994 年完成了《中国生物多样性保护行动计划》，确定了中国生物多样性优先保护的生态系统地点和优先保护的物种名录，明确了 7 个领域的目标，提出了 26 项优先行动方案和 18 个需要立即实施的优先项目。1997 年底国务院批准了《中国生物多样性国情研究报告》，确定了 1996—2010 年我国生物多样性保护和持续利用国家能力建设的目标。我国政府制定了《中国自然保护区发展规划纲要》（1996—2010 年），提出了全国自然保护区规划目标，并制定了具体的规划方案。我国政府还制定了《中国生物多样性保护林业行动计划》《中国农业部门生物多样性保护行动计划》《中国海洋生物多样性保护行动计划》《中国湿地保护行动计划》《大熊猫移地保护行动计划》等，使主要部门的活动都纳入国家行动计划之中。1992 年至 1994 年，在全球环境基金（GEF）资助及 UNDP 资助下，我国政府完成了《中国生物多样性保护行动计划》。1994 年后又在 UNEP 和 GEF 资助下开始编制《中国生物多样性国情研究报告》。

我国生物多样性保育与持续利用的主要任务和研究内容应包括：

（1）中国生物多样性起源、演化与发展的深入研究。

（2）生物多样性中心内重要类群的多层次（基因、物种、生态系统、景观和区域）的综合研究。

（3）迁地保育机理与结构。

（4）就地保育、自然保护区理论和科学经营管理。

（5）生物多样性的信息分析与动态模型。

（6）生物多样性监测体系的建立（包括土地分类、生态系统健康方面的变化，物种、种群大小及消长趋势，气候变化对生物多样性影响，外来种入侵的监测、预测、防治）。

（7）生物多样性法规体系的建立。

二、生物多样性保护措施

（1）制定落实有关政策法规保护野生动植物。1981 年中国已加入《濒危野生动植物物种国际贸易公约》组织。1993 年 5 月，国务院通知禁止犀牛角和虎骨贸易，活动取消其药用标准，今后不再用其制药。

根据《中华人民共和国刑法》第 341 条第一款规定，非法收购国家重点保护的珍贵、濒危野生动物及其制品，罪轻则处以五年以下有期徒刑或者拘役，并处罚金；情节特别严重的，处以十年以上有期徒刑，并处罚金或者没收财产。那么明知是珍贵、濒危野生动物及其制品而买来吃或买来用的，在性质上与非法收购是相同的，应该受到刑责。直接侵害野生动物的行为应该从消费上来禁止。

（2）用迅速有效和易于理解的形式向各级管理人员和公众进行生物多样性保护的宣传和教育。特别注意在青少年一代中进行自然保护的教育。人人从我做起，从现在做起，善待地球上的一草一木，不吃受保护的野生动物，不仅要有法制观还要有道德观，形成风气，树立荣辱观。2005 年国际生物多样性日的主题是"生物多样性——变化世界的生命保障"。

（3）根据我国生物多样性特色与研究基础表明，应在关键地区对关键类群进行有关保护生物学、迁地保育与就地保育的机理和结构方面进行深入系统的研究，奠定我国生物多样性保育与持续利用的基础。特别注意对"三有"动物的保护。"三有"动物是指有益，或有重要经济价值，或有科学研究价值的野生动物。"三有"动物受国家或各级政府的法律法规保护。

（4）应采取关键应用技术、高新技术及思路。

①分子生物学、细胞工程、克隆技术、分子遗传学：迁地保育和就地保育都需要利用各种生物技术。如花药培养，染色体工程技术，组织培养，快速繁殖技术，

原生质体培养为再生植体，动物的胚胎移植、分割、体外受精、胚胎保存、嵌合、核移植等高新技术的应用。提升转基因工程、克隆技术在生物繁育中的作用。

今后应更注意遗传多样性的研究，如种群内个体间遗传多样性、基因多样性、种内遗传品系的分化及地理分布，以及种群数量增长或灭绝、致濒危的遗传因素等。在理论方面，应加强对自然种群遗传变异和分子进化等过程的分子遗传学研究。

②遥感、GIS、模型等信息科学的应用：建立监测与信息系统，加强生态定位研究基地的建设，系统深入地进行生态系统结构、功能、演替、物种消长等方面的研究，要注意与全球变化的响应相联系。要建立生物多样性全国信息系统。全国统一一个中心，制定统一的计算机管理标准，实现全国资料数据库的联网，加强沟通与共享；提升信息资源的利用率，克服重复研究的浪费；并加强与国际自然保护组织的联网，争取国际上更多的援助。

建立完整的信息系统需要完善的生物多样性编目。其中包括生态系统编目、物种编目（或物种登记）、遗传资源编目。目前已做了大量工作，取得了显著的成果，但从自然界多样的生物与人类认识的生物相比还只是九牛一毛。因此这是一项长期的，也是艰苦的工作。高校要注意培养具有刻苦献身精神的生物分类学工作者，否则今后将会紧缺这方面人才。生物分类在传统分类学知识的基础上，要结合采用分子遗传学、染色体分类等高新技术作为辅助。

③应用高新技术和完善的法律体系建立自然保护区：就地保护的最好方法是建立自然保护区，要"抢"建保护区，自然（天然）地带不可再生，消失了就没有了，可再生的就不是天然的，而是人工的。因此，要有一套保护区建设的高新技术和科学理论作为支撑条件。

④对影响生物多样性健康的外来物种入侵要科学甄别，不要一概而论。主要是因地制宜地加强防治、控制、管理措施的科学研究。要应用科技力量，风险评估，扬长避短，发挥有益的一面为发展国民经济服务。

第六节　自然保护区的建设与进展

一、自然保护区的定义、功能和意义

（一）定义

自然保护：保护人类赖以生存的自然环境和自然资源免遭破坏，为人类自身创造舒适的生活、工作和生产条件。

自然保护区：是指对有代表性的自然生态系统、珍稀濒危野生动植物物种的天然集中分布区、有特殊意义的自然遗迹等保护对象所在的陆地、陆地水体或者海域，依法划出一定面积予以特殊保护和管理的区域。

凡具有下列条件之一的，应当建立自然保护区：①典型的自然地理区域、有代表性的自然生态系统区域以及已经遭受破坏但经保护能够恢复的同类自然生态系统区域。有代表性的自然生态系统区域是指山地、森林、草原、水域、滩涂、湿地、荒漠、岛屿和海洋等，以及水源涵养林和重要的自然风景区。②珍稀、濒危野生动植物物种的天然集中分布区域。③具有特殊保护价值的海域、海岸、岛屿、湿地、内陆水域、森林、草原和荒漠。④具有重大科学文化价值的地质构造、著名溶洞、化石分布区、冰川、火山、温泉等自然遗迹。自然遗迹包括自然历史遗迹和地理景观等，如瀑布、山脊山峰、峡谷、古生物化石（如山东省的马山，面积仅3000m²，有距今1.2亿多年的硅化木群和恐龙等古生物化石，因此成了我国面积最小的国家级自然保护区）、地质剖面（如典型的丹霞地貌、岩溶地貌）、洞穴及古树名木群等。

所谓的"依法"就是要经过各级政府或有关部门批准。晋升国家级自然保护区和国家级自然保护区功能区的调整必须经国家级自然保护区评审委员会评审通过，评审委员会办公室设在国家环保总局。

我国《自然保护区条例》第八条规定，我国现行的自然保护区管理体制是综合管理和分部门管理相结合，如森林和野生动物类型的自然保护区归林业部门管理，海洋生物类归海洋与渔业部门管理，但综合管理仍然归环境保护部门。

（二）自然保护区的功能和意义

（1）展示生态系统的原貌。建立自然保护区能显示和反映出自然生态系统的真实面目，提供生态系统的"本底"。在自然界中，生物与环境、生物与生物之间存在着相互依存、相互制约的复杂生态关系，这是生物进化发展的动力。

（2）作为生物物种及其群体的自然贮备地或贮藏库，也是拯救濒危生物物种的庇护所。

（3）作为科学研究的天然实验室。自然保护区是进行科学研究理想的天然实验室。自然保护区为进行各种生物学、生态学、地质学、古生物学及其他学科的研究提供了有利条件，为研究种群和物种的演变与发展，以及长期定位研究提供了良好的基地。

（4）是环境监测理想的对比站位。

（5）是活的自然博物馆。

（6）是普及自然科学知识和宣传自然保护的重要场所。

（7）提供一定的范围开展生态旅游活动。自然保护区丰富的物种资源、优美的自然景观，还可满足人类精神文化生活的需求。有条件的自然保护区可划出特定旅游区域，供人们参观游览。

在自然保护区的实验和经营区开展生态旅游是一种可持续发展的旅游业，这种旅游不应以牺牲环境为代价，而应与环境相和谐，并且使后代人享受旅游的自然景观与人文景观（主要是文化遗产）的机会与当代人相平等，并且当代人要为后代人创造更新、更美的人文景观。

我国众多的人口虽然是巨大的旅游资源，但由于生态意识和生态道德素质相对还较低，往往在旅游中不自觉地破坏环境。加之我国环境法制还不健全，旅游业又以多头、多方位、多区域、多种经济形式出现，并主要以营利为目的，因此对环境的影响将是巨大的。因此，我国生态旅游一定要加强环境立法和管理，尤其在自然保护区的一定范围内，特别是要注重环境容量的研究、立法和管理。

（8）有助于区域环境改善、维持生态系统良性循环。自然保护区对本地和周围地区自然环境的改善、维持自然生态系统的正常循环和提高当地群众的生存环境质量、促进当地生态环境逐步向良性循环转化，起到了重要作用。

二、自然保护区的分类

（一）国际上的分类

自从 1872 年美国建立了世界上第一个自然保护区——黄石公园，全世界各国都陆续建立了各种类型的自然保护区。由于保护对象的不同、管理目标的不同和管理级别的不同，各国在保护区的名称上也是五花八门，各具特色。

为了解决保护区类型各不相同的问题，国际自然保护联盟（IUCN）与国家公园委员会（CNPPA）经过多次的讨论和完善，于 1993 年形成了一个"保护区管理类型"指南。指南中将保护区类型按照管理类型来划分，最后确定为七种。

①严格的自然保护区：具有突出的或典型的生态系统，为科学研究而管理的区域。

②荒野保护区：广阔的未受干扰或只受轻微干扰的陆地或海洋地域，主要为荒野保护而管理的区域。

③国家公园：主要为生态系统保护和游憩而管理的保护区。

④自然纪念地：主要为保护特殊的自然特征而管理的保护区。

⑤生境/物种管理区：主要通过管理的介入而保护自然生境和生物物种的保护区。

⑥陆地景观/海洋景观保护区：主要为保护陆/海景观和游憩而管理的保护区。

⑦受管理的资源保护区：主要为自然生态系统的可持续性利用而管理的保护区。

（二）中国的分类

1993 年国家环保局批准了《自然保护区类型与级别划分原则》，并设为中国的国家标准。该分类根据自然保护区的保护对象来划分，将自然保护区分为三个类别九个类型（表 7-1）：

表 7-1　我国自然保护区划分的三个类别九个类型

类别	类型
自然生态系统类	森林生态系统类型
	草原与草甸生态系统类型
	荒漠生态系统类型
	内陆湿地和水域生态系统类型
	海洋和海岸生态系统类型
野生生物类	野生动物类型
	野生植物类型
自然遗迹类	地质遗迹类型
	古生物遗迹类型

三、我国自然保护区的功能分区

根据《中华人民共和国自然保护区条例》第二章第十八条关于分区的规定来看，自然保护区可以分为核心区、缓冲区和实验区。

核心区：自然保护区保存完好的天然状态的生态系统以及珍稀、濒危动植物的集中分布地，应当划为核心区，禁止任何单位和个人进入；依照条例的规定经批准外，也不允许进入从事科学研究活动。

核心区的面积一般不得小于自然保护区总面积的三分之一。核心区可在科学研究中起对照作用。因科学研究的需要，必须进入核心区从事科学研究观测、调查活动的，应当事先向自然保护区管理机构提交申请和活动计划，并经省级以上人民政府有关自然保护区行政主管部门批准。其中，进入国家级自然保护区核心的，必须经国务院有关自然保护区行政主管部门批准。

缓冲区：核心区外围可以划定一定面积的缓冲区，只准从事科学研究、观测活动。

缓冲区宽度一般不应小于500m，禁止在自然保护区的缓冲区开展旅游和生产经营活动。因教学科研的目的，需要进入自然保护区的缓冲区从事非破坏性的科学研究、教学实习和标本采集活动的人，应当事先向自然保护区管理机构提交申请和活动计划，经自然保护区管理机构批准。

实验区：缓冲区外围划为实验区，可以进入从事科学试验、教学实习、参观考察、旅游以及驯化、繁殖珍稀、濒危野生动植物等活动。

原批准建立自然保护区的人民政府认为必要时，可以在自然保护区的外围划定一定面积作为外围保护地带。

在自然保护区的核心区和缓冲区内，不得建设任何生产设施。在自然保护区的实验区内，不得建设污染环境、破坏资源或者景观的生产设施；建设其他项目的，其污染物排放不得超过国家和地方规定的污染物排放标准。在自然保护区的实验区内已经建成的设施，其污染物排放超过国家和地方规定的排放标准的，应当限期治理；造成损害的，必须采取补救措施。

在自然保护区的外围保护地带建设的项目，不得损害自然保护区内的环境质量；已造成损害的，应当限期治理。

四、自然保护区的建设和规划

现在，自然保护区占国土面积的比例已经成为衡量一个国家（或地区）自然保护事业发展水平、科学文化水平和社会文明进步的重要标志。

我国第一个自然保护区是 1956 年建立的广东鼎湖山自然保护区。该保护区面积 1140hm²，靠近北回归线。北回归线经过的大陆除我国之外其他地区几乎都是沙漠，而我国该地理位置受热带季风气候影响，却生长了大量常绿阔叶林，其中有 2400 多种植物。

现在自然保护区的发展速度较快，已经进入平稳发展阶段。70% 的陆地生态系统种类、80% 的野生动物和 60% 的高等植物，特别是绝大多数的国家重点保护的珍稀、濒危野生动植物都在自然保护区内得到了较好的保护。

我国自然保护区建设突飞猛进，据国家林业局有关部门统计，自 1956 年我国第一个自然保护区建立起，我国 1997 年底保护区面积与国土总面积比例已达 7.69%，超过了 6% 的国际水平（1997 年）。2000 年 7 月，我国面积最大（3180 万 hm²）的自然保护区——三江源自然保护区的建立，保护对象是长江、黄河和澜沧江源头湿地和高原珍贵的野生动植物。

自然保护区面积占全国自然保护区总面积较大的四个省区：西藏、新疆、青海、甘肃。这四省区的自然保护区面积占全国自然保护区总面积的 68.64%（四个省区土地面积约占全国面积的 41%）。

目前我国自然保护区占陆地国土面积比例已超过发达国家 12% 的平均水平，居世界前列，基本形成了布局合理、类型齐全、结构平衡、覆盖全国的自然保护区网络。

西部开发，生态先行。我国在生物多样性较为丰富、生态环境相对脆弱的西部地区，已抢救性地建立起了一批各种类型的自然保护区，使西部地区自然保护区的数量占到全国的 3/4。

我国保护区建设遵循的十六字方针是："全面规划，积极保护，科学管理，永续利用。" 1995 年制定的《海洋自然保护区管理办法》提出了"贯彻养护为主，适度开发，持续发展"的方针。

建设自然保护区要认真做好核心区、缓冲区、实验区（生产、旅游活动区）的规划。规划是前提，建设是基础，管理是保证。

除了国家级、省市区级自然保护区外，还可由村、乡建立一些自然保护小区，多层次、多体系地进行管理。建立有效的自然保护监督管理体制与社会主义市场经济基本适应的自然保护法规政策体系。自然保护区要在"保护第一"的前提下,合理、充分利用自然资源,积极开展多种经营,要多方筹措资金,才有可持续发展的后劲。

五、自然保护地与自然保护地法

"自然保护地"是近年来国内有的专家提出的新概念。"自然保护地"这个术语是开放的,任何符合条件的区域都可以纳入到这个术语下。也不会限制未来在自然保护地新的类型上的发展,比如公益保护地、社区保护地、国家公园等。而"自然保护区"的概念已经被特化为一类得到特殊保护的自然区域,它是一个封闭的系统,无法将其他类型纳入其中。这些专家认为,自然保护区虽然是最重要的一类,但是针对捍卫国家生态安全底线的立法目标,将立法对象仅仅限制在一个类别是不够的,理想的法律应该是一个开放的系统。每一种类型的保护地都可以为保护国家生态安全底线这个整体目标服务。因此,要实现捍卫国家生态安全底线的目标,需要开放、综合的《自然保护地法》的立法。专家们认为,我国空气污染、水污染、食品污染严重区域生态退化问题已经严重威胁到中国人民的生存,仅仅依靠自然保护区体系的立法根本无法解决。解决捍卫我国的生态安全底线问题才是立法的目标。如果单独为自然保护区立法,立一部仅仅为加强自然保护区保护管理水平的法律,并不能解决捍卫生态安全底线的问题。

新的形势下,究竟是制定《自然保护区法》,还是制定《自然保护地法》?虽然还有一些分歧,出台能够守住国家生态安全底线的法律已经刻不容缓。

第七节 土地资源的保护

一、土地的基本国情

土地是财富之母、民生之本,是直接保障人类生存的自然资源。我国以不到世界 10% 的耕地养活了占世界 22% 的人口,土地资源在国民经济中占有重要地位。在传统的"地大物博"观念中,存在着对我国土地资源认识的误区。我国国土总面积为 960 万 km²,居世界第三位,但面对 14 亿人口这样一个巨大的分母,我们的人均土地面积仅相当于世界平均水平的1/3。人多地少，耕地资源严重短缺，形势紧迫。珍惜土地和合理利用每一寸土地应成为全民的自觉行动。

目前我们对土地的利用还存在着种种不合理现象，存在用途不合理和利用效率不高等问题，滥占乱占土地严重，耕地流失严重。这种粗放的利用模式潜力殆尽，并且已经让我们付出太多沉重的代价。近年来，一些地方乱占耕地、浪费土地的问题，没有从根本上解决，耕地面积锐减，土地资产流失，影响了粮食生产和国民经济的稳定发展。土地是不可再生的资源，对土地的浪费破坏将对人类生存造成长远影响，关系着子孙后代的利益。

我国土地管理工作的重点是进一步整顿和规范土地市场秩序，同时也对土地市场建设提出更多更高的要求，不仅要促进经济高质量持续快速发展，也要促进社会可持续发展，实现资源的合理利用和环境保护。

土地资源总量多，人均占有量少，尤其是耕地少，耕地后备资源少（即一多三少）是我国土地的基本国情。

尽管我国自然资源总量丰富，但人均相对不足。质量、结构和布局等许多方面都有不尽人意之处，在开发利用上还存在不少问题。

一方面耕地面积在大量减少，土地退化、损毁严重，土地后备资源不足；另一方面，土地利用粗放、利用率和产出率低；浪费土地的情况十分严重。城市用地增长远快于城市人口增长。

为了保护耕地，政府落实最严格的耕地保护制度，进行征地制度改革，认真组织开展基本农田保护检查工作；严把新增建设用地审查报批关；认真开展耕地占补平衡检查和清欠耕地补偿费工作；征地管理实行必须执行规划计划、必须充分征求农民意见、必须补偿安置费足额到位才能动工用地、必须公开征地程序和费用标准及使用情况的四个必须推进征地制度改革，完善征地补偿安置制度；落实国务院关于将部分土地出让金用于农业土地开发的要求，各地普遍加大土地开发整理力度。

另外，基本农田实行"五不准"：不准非农建设占用基本农田（法律规定的除外）；不准以退耕还林为名违反土地利用总体规划减少基本农田面积；不准占用基本农田进行植树造林，发展林果业；不准在基本农田内挖塘养鱼和进行禽畜养殖，以及其他严重破坏耕作层的生产经营活动；不准占用基本农田进行绿色通道和绿化隔离带建设。

农村建设用地则实行"七不报批"：如对土地市场秩序治理整顿工作验收不合格

的不报批；未按规定执行建设用地备案制度的不报批；城市规模已经达到或突破土地利用总体规划确定的建设用地规模，年度建设用地指标已用完的不报批；已批准的城市建设用地仍有闲置的不报批；未按国家有关规定进行建设用地预审的不报批；建设项目不符合国家产业政策的不报批。

二、土地荒漠化和沙尘暴问题

（一）土地荒漠化的危害

地球陆地表面极薄的一层物质，也就是土壤层，对于人类和陆生动植物生存极为关键。没有这一层土质，地球上就不可能生长任何树木、谷物，就不可能有森林或动物，也就不可能存在人类。荒漠化，就是指这一层土质的恶化，有机物质下降乃至消失，从而造成表面沙化或板结而成为不毛之地，包括沙漠和戈壁。

1994 年 10 月，联合国《防治荒漠化公约》将荒漠化定义为：其中包括气候变异和人类活动在内的种种因素造成的干旱、半干旱和亚湿润干旱地区的土地退化。

"土地退化"是指由于使用土地或由于各种人为和自然的原因，致使干旱、半干旱和亚湿润干旱地区雨浇地、水浇地或使草原、牧场、森林和林地的生物或经济生产力和复杂性下降或丧失，其中包括：①风蚀和水蚀致使土壤物质流失。②土壤的物理、化学和生物特性或经济特性退化。③自然长期丧失。根据地表形态特征和物质构成，荒漠化分为风蚀荒漠化、水蚀荒漠化、盐渍化、冻融及石漠化。

联合国亚太经协会根据亚太区域特点，提出荒漠化还应该包括"湿润及半湿润地区，由于人为活动所造成环境向着类似荒漠化景观变化的过程"。

我国位于亚太地区，结合我国实际，来看所谓土地荒漠化是指由于人类不合理的经济活动或气候变异破坏了脆弱的生态系统，造成干旱、半干旱以至半湿润、湿润地区的土地质量下降，生态环境恶化甚至土地生产力完全丧失的土地退化过程。它不仅包括已经荒漠化的土地，而且包括正在荒漠化的土地。

我国是世界上荒漠化面积最大、受危害最严重的国家之一。荒漠化土地总面积为 267.4 万 km^2，占国土陆地面积的 27.9%，占干旱、半干旱和亚湿润干旱区总面积的 79.1%（高于全球 69% 的平均水平），荒漠化土地的面积已经超过现有耕地面积的总和。荒漠化主要分布在西北、华北和东北西部，全国约有 1500 万 hm^2 农田、1.35 亿 hm^2 草场、8000 多 km 铁路和 3 万 km 公路、5 万 km 沟渠道以及许多城镇、工矿、水库和全国 1/3 的人口受到荒漠化威胁。荒漠化及其引发的土地沙漠化被称为"地球溃疡症"，危害表现在许多方面。荒漠化对一些大中城市、工矿企业及国防设施构成严重威胁，破坏了交通、水利等生产基础设施，加剧了贫困程度。全国超过 1/6 的国家级贫困县和 1/4 的农村贫困人口集中于荒漠化地区，成为中国扶贫攻坚的难点、重点。近几年来，我国的荒漠化治理工作虽然取得了举世瞩目的成绩，并在局部地区控制了荒漠化的扩展，但还未能从根本上扭转荒漠化土地扩大的趋势，仅沙化土地仍以每年 2460km² 的速度蔓延，相当于每年损失一个中等县的土地面积。

（二）土地荒漠化的原因

除了气候变化的自然原因之外，造成土地荒漠化的原因还有：人口过度增长、经济发展中的不合理开发。

不合理的土地开发利用，如过度放牧、过度开垦、过度樵采、乱采滥伐（挖甘草、采发菜、桂林的"根雕热"）、陡坡垦耕，造成植被破坏、水土流失。

由于荒漠化造成的严重后果及扩展的趋势，引起了国际社会极大的关注。在 1992 年联合国环境与发展大会上，防治荒漠化被列为国际社会优先采取行动的领域，大会成立了《联合国关于在发生严重干旱和荒漠化的国家特别是在非洲防治荒漠化的公约》谈判委员会。1994 年 6 月 17 日，该公约的正式文本完成，包括中国在内的 100 多个国家在公约上签字。1994 年 12 月 19 日，联合国第四十九届大会又通过决议，宣布从 1995 年起，每年 6 月 17 日为"世界防治荒漠化和干旱日"，旨在提高世界各国人民对防治荒漠化重要性的认识，唤起人们防治荒漠化的责任感和紧迫感。

（三）沙尘暴问题

沙尘暴是由土壤沙化引起的。土地沙化是指因气候变化和人类不合理活动所导致的天然沙漠扩张和沙质土壤上植被破坏、沙土裸露的过程。

所谓的沙尘天气是指强风从地面卷起大量尘沙，使空气浑浊，水平能见度明显下降的一种天气现象。沙尘天气分为浮尘、扬沙、沙尘暴三类。

浮尘：均匀悬浮在大气中的沙或土壤粒子（多来源于外地，或是当地扬沙、沙尘暴天气结束后残留于空中）使水平能见度小到只有 10km。

扬沙：风将地面尘沙吹起，使空气相当浑浊，水平能见度为 1~10km。

沙尘暴：强风将地面尘沙吹起，使空气很浑浊，水平能见度小于 1km。当水平能见度小于 500m 时，可以定义为强沙尘暴。

我国北方地区的扬尘、浮尘、沙尘暴，沙源并不是来自沙漠，因为沙漠的颗粒大，不可能被气流带上四五百米的高空，更不可能刮到成百上千千米以外。城市沙尘天气的沙源，主要是来自北方地区被人类不适当的生产活动严重破坏的草原区。最近的一项研究表明：沙尘暴的沙源 70% 来自境外地区。实际上，土地荒漠化也是全球性的环境问题，是地球上所有居民面临的十大全球性生态环境问题之一。

（四）治理对策

荒漠化扩展、沙尘暴肆虐，最根本的原因是生态系统出了问题。防是治本之道，主要指防止人类活动的负面环境效应，因此必须整合全社会的力量，合理利用地方资源，建立适宜的产业结构；治是应急之路，主要指通过一定的工程技术措施，对已经荒漠化了的土地进行生态重建和恢复。只有防治结合，才能标本兼治。

1. 组织广大群众防沙治沙，要有规划、有步骤、求规模、求效益

我国政府把保护环境确定为基本国策，实施经济、社会、资源、环境和人口相协调的可持续发展战略。我国已将防治荒漠化纳入国民经济和社会发展计划，先后制定了《中国 21 世纪议程林业行动计划》《全国生态建设规划》《中国环境保护 21世纪议程》《中国履行联合国防治荒漠化公约行动方案》等重要文件，组织跨区域、跨流域、跨行业的大规模生态工程建设，加速治理荒漠化土地，坚持经济建设和环境建设同步规划、同步实施、同步发展。

建立各级政府领导协调机构，强化防治荒漠化的组织保障。我国政府成立了由国务院 18 个部门组成的中国防治荒漠化协调小组和《联合国防治荒漠化公约》中国执行委员会，加强对全国防治荒漠化工作的组织、协调和指导。

2. 政策的配合和导向

防治土地荒漠化是国家一项重大战略决策，是跨世纪的宏伟工程。我国政府不断加强防治荒漠化法制建设，建立有效的法律保障体系。水土流失评价是环境影响评价的一项重要内容。进一步放宽政策，坚持谁治理谁受益的原则，拍卖沙荒地的使用权，加强用地审批制度。

我国自 20 世纪 70 年代以来，先后颁布实施了一系列关于环境保护的法律，如《中华人民共和国森林法》《中华人民共和国草原法》《中华人民共和国水土保持法》《中华人民共和国环境保护法》等。1994 年中国签署《联合国防治荒漠化公约》后，就着手完善防治荒漠化法律体系。1998 年全国人大通过了修改后的《中华人民共和国土地管理法》，将防治荒漠化纳入该法。经过多年的努力，《中华人民共和国防沙治沙法》于 2001 年 8 月 31 日正式颁布实施。

2000 年 6 月 14 日，国务院发布《关于禁止采集和销售发菜制止滥挖甘草和麻黄

草等有关问题的通知》。国家环境保护总局、监察部和农业部联合对宁夏和广东两省区进行了林草保护重点检查。据营养成分分析，发菜的营养价值并不高，也没有药用价值，只是由于发菜与"发财"谐音，迎合了人们图吉利的心理，才刺激了消费。但采摘发菜的破坏性极大。由于发菜与其他草类混生，并缠在其他草茎上，采摘发菜一般要将周围的草丛一并铲除。据测算，采 100g 发菜要破坏 6670m² 的草场。而且人群涌入草场后，吃、住、烧、占等造成的破坏更大。因此，遵照国务院禁止采集和销售发菜的精神，一些城市及时发布规定，禁止发菜在市场上流通、销售，一些继续经营发菜的单位和个人将受到处罚。

3. 先进和高新技术的应用

当前防治荒漠化和沙尘暴需要重视五大问题：作为一项复杂的系统工程，防治荒漠化和沙尘暴要加强多学科合作研究；要加强理论研究和实际工作的结合；要综合运用多学科知识，实施防治结合的战略；要因地制宜做好规划；要加大制度创新与治理投入力度。探索一批不同条件下沙区综合治理开发的模式，如引水拉沙造田、沙地衬膜水稻、生物固定流沙、沙地飞播造林种草、封沙育林育草、超快速高吸水性树脂（SSAP）等。

4. 柽柳等适生植被的建设

要选择耐旱耐贫瘠的树种建造防治荒漠化的植被。有"南红（红树林）北桂"之誉的柽柳是最能适应干旱沙漠生活的树种之一。它是可以生长在荒漠、河滩或沿海盐碱地等恶劣环境中的顽强植物。其根系很长，可达数十米，可以吸到深层的地下水。柽柳还不怕沙埋，被流沙埋住后，枝条能顽强地从沙包中探出头来，继续生长，能在含盐碱 0.5%~1% 的盐碱地上生长，所以，柽柳是防风固沙、改造盐碱地的优良树种之一。

5. 广泛开展宣传，提高防治荒漠化公众意识，动员全社会广泛参与

自 1995 年 6 月 17 日第一个世界防治荒漠化和干旱纪念日以来，每年 6 月 17 日中国都在北京及其他几十个大中城市组织大规模的防治荒漠化意识教育和宣传纪念活动，极大地增强了全社会防治荒漠化意识。举办大型咨询活动，通过各种展板、录像、报纸、电视进行宣传，组织不同层次的研讨会、学术会，全方位、多渠道开展防治荒漠化宣传月活动，取得了显著的意识教育效果。每年的植树节、环境日、水日、防治荒漠化日、全国"土地日"都有大批的志愿者植树造林、防沙治沙、改善环境。法律规定，凡男性 11~60 岁、女性 11~55 岁的中国公民，每年每人有义务

植树 3~5 棵，人人要为绿化环境、防治荒漠化做贡献。

（五）水土流失的严峻形势

中国也是世界上水土流失最严重的国家之一，年均流失土壤 50 多亿吨，损失耕地 7 万 hm^2。据国务院 1990 年公布的遥感调查结果，显示全国水力和风力两种侵蚀形式的水土流失面积就达 367 万 km^2，占国土总面积的 1/3 以上。其中黄河、长江、海河、淮河、松花江—辽河、珠江、太湖等七大流域水土流失面积占我国水土流失面积近一半。水土流失严重地制约着社会经济发展，造成生态环境恶化。水土流失遍布各地，几乎所有的省、自治区、直辖市都不同程度地存在水土流失的问题，不仅发生在山区、丘陵区、风沙区，而且平原地区和沿海地区也存在，特别是河网沟渠边坡流失和海岸侵蚀比较普遍；水土流失在农村、城市、开发区和交通、工矿区都有发生。因此，水土流失仍然是中国的头号环境问题。

治理水土流失，对生态环境的优化，特别是对农村经济建设意义重大。据统计分析，我国现有水土保持设施，使每年可减少泥沙流失 15 亿吨，增加蓄水 250 亿 m^3，增产粮食 170 亿 kg，可使 1000 多万人脱贫。

改革开放以来，我国政府加强了水土保持生态环境建设的力度，实行了预防为主、全面规划、综合防治、因地制宜、加强管理、注重效益的方针，取得了巨大的成就。特别是 1991 年 6 月 29 日《中华人民共和国水土保持法》颁布实施后，我国的水土保持生态环境建设步入预防为主、依法防治的法制化轨道。

当前要做的工作：一是要加强引导，科学规划。进一步落实地方行政领导的水土保持目标责任制，建立健全地方政府向同级人大和上级水行政主管部门报告水土保持工作的制度。根据新形势、新要求，编制好水土保持生态系统建设规划，并纳入国民经济和社会发展计划，组织和发动广大群众坚持不懈地治理水土流失。二是要总结经验，坚持以大流域为骨干、以小流域为单元的综合治理，实行山水田林路统一规划，因地制宜，工程措施、植物措施与保土耕作措施优化配置，形成综合防治体系。坚持水土资源保护与开发相结合的原则，水土流失治理与群众脱贫致富、发展地方经济相结合。坚持多层次、多渠道、多元化的投入机制，不断深化改革，调动广大群众治山治水的积极性。三是要调整思路，加快水土流失防治步伐。当前要认真落实"退耕还林（草），封山绿化，以粮代赈，个体承包"的政策措施，加大综合治理力度。四是要认真贯彻实施《水土保持法》，切实控制人为水土流失。要加强监督执法，严格禁止陡坡开垦、乱砍滥伐、滥挖乱倒，坚决制止人为造成新的水土流失；依法落实开发建设项目水土保持方案报告制度和"三同时"制度；加大执法力度，防止造成新的水土流失和生态破坏。

1998年，我国政府批准实施《全国生态环境建设规划》，把水土保持作为生态环境建设的主体工程和江河治理的根本措施，部署了水土保持工作，极大地加快了水土保持生态建设的进程，为我们确立了到21世纪中叶的奋斗目标。根据水利部制定的《全国水土保持生态环境建设规划》（2000年），全国水土保持生态环境建设的目标是：近期每年治理水土流失面积5万km²，到2010年使重点地区的水土流失得到初步治理，坚决控制住人为造成新的水土流失；到2030年，继续保持较高的治理速度，使全国水土流失治理程度达到75%以上，重点治理区的生态环境有明显的改善；远期到2050年，全国建立起适应国民经济可持续发展的良性生态系统，全国水土流失地区基本治理一遍，大部分地方有望实现山川秀美。

参考文献

[1] 王洪臣. 环境科学与工程导论 [M]. 北京：中国建筑工业出版社，2021.

[2] 杨季冬，饶通德，梁丽娇. 环境分析科学 [M]. 重庆：重庆出版社，2021.

[3] 曾永平. 环境微塑料概论 [M]. 北京：科学出版社，2020.

[4] 廖传华. 能源环境工程 [M]. 北京：化学工业出版社，2020.

[5] 宋凤敏. 环境学导论 [M]. 西安：西安交通大学出版社，2020.

[6] 李飞鹏，徐苏云，毛凌晨. 环境生物修复工程 [M]. 北京：化学工业出版社，2020.

[7] 荆海龙，张蕾. 化学污染物在环境中迁移转化的应用研究 [M]. 北京：中国原子能出版社，2020.

[8] 王赛，杨扬，胡丹心. 流溪河流域水环境与浮游生物调查研究 [M]. 中国环境出版集团，2020.

[9] 林建国. 土壤环境微生物群落特性分析 [M]. 北京：化学工业出版社，2020.

[10] 乌云娜，王晓光. 环境生态学 [M]. 北京：科学出版社，2020.

[11] 朱超. 环境科学与工程的创新实践 [M]. 西安：西北工业大学出版社，2020.

[12] 王团团，王赛，杨小琴. 环境生态学 [M]. 北京：中国农业科学技术出版社，2020.

[13] 陆文龙，谢忠雷. 环境保护与可持续发展 [M]. 吉林出版集团股份有限公司，2020.

[14] 李冬群. 分析化学在现代环境科学研究中的地位和作用 [J]. 中国化工贸易，2019（第 4 期）：246.

[15] 张永清 1，高永香 2，李亚洁 3. 浅析现代环境科学与医学健康的关系 [J]. 医学动物防制，2011（第 8 期）：781-782.

[16] 文伯屏. 现代环境科学教育 [J]. 环境与可持续发展，1979（第 10 期）：1-6.

[17] 苏胜东. 论环境化学在现代环境科学研究中的地位和作用 [J]. 西江月，2014（第 12 期）：877.

[18] 唐锡阳 . 生态系统理论是现代环境科学的基石 [J]. 大自然，2005（第 3 期）：44-47.

[19] 程祖国, 罗敏 . 环境偶与现代科学发展方向革命 [J]. 海外文摘，2020（第 1 期）：39-40.

[20] 刘彦芳 . 现代工业园区环境保护与科学发展的研究 [J]. 自然科学（文摘版），2018（第 8 期）：184.

[21] 景艳辉 . 现代信息化科学技术在城市环境污染治理中的应用研究 [J]. 计算机产品与流通，2022（第 3 期）：15-17.

[22] 熊清强 . 现代科学技术对建筑环境与设备工程专业发展的促进探讨 [J]. 建筑工程技术与设计，2020（第 14 期）：3495.

[23] 赵福益 . 现代工业园区环境保护与科学发展探讨 [J]. 环境与发展，2017（第 9 期）：62-63.

[24] 张学智 . 现代科学与环境 [J]. 城市建设理论研究（电子版），2013（第 19 期）.

[25] 后晓红 . 现代科学技术对建筑环境与设备工程专业的影响与促进 [J]. 建筑工程技术与设计，2016（第 19 期）.

[26] 田永康 1, 杨清 2, 刘爱华 2. 现代矿企周边环境安全与科学管理 [J]. 安全与环境工程，2012（第 4 期）：82-87.

[27] 霍宗浩 . 浅谈现代科学技术与生态环境的关系 [J]. 安徽建筑，2006（第 5 期）：26-27.

[28] 李爱花 . 现代工业园区环境保护工作的科学开展 [J]. 中国新技术新产品，2012（第 13 期）：212.

[29] 金明兰, 尹军 . 现代生物技术在环境科学研究中的应用 [J]. 吉林建筑工程学院学报，2009（第 6 期）：1-3.